# 城市更新：青岛里院民居文化空间复兴

王广振　徐嘉琳　陈洁　著

山东大学出版社
SHANDONG UNIVERSITY PRESS
·济南·

**图书在版编目(CIP)数据**

城市更新:青岛里院民居文化空间复兴/王广振,
徐嘉琳,陈洁著.—济南:山东大学出版社,2022.8
ISBN 978-7-5607-7567-8

Ⅰ.①城… Ⅱ.①王… ②徐… ③陈… Ⅲ.①民居—
建筑艺术—研究—青岛 Ⅳ.①TU241.5

中国版本图书馆 CIP 数据核字(2022)第 131672 号

责任编辑 李艳玲
封面设计 王秋忆

| | | |
|---|---|---|
| 出版发行 | 山东大学出版社 | |
| 社 址 | 山东省济南市山大南路 20 号 | |
| 邮政编码 | 250100 | |
| 发行热线 | (0531)88363008 | |
| 经 销 | 新华书店 | |
| 印 刷 | 济南乾丰云印刷科技有限公司 | |
| 规 格 | 720 毫米×1000 毫米 1/16 | |
| | 11.5 印张 186 千字 | |
| 版 次 | 2022 年 8 月第 1 版 | |
| 印 次 | 2022 年 8 月第 1 次印刷 | |
| 定 价 | 49.00 元 | |

# 前　言

　　与规模宏大、意蕴厚重的城市文化空间相比，以"青岛里院"为代表的"城市特色民居"具有自身独特的文化意义，但是由于规模较小且布局分散等诸多因素，一直处于被强制性"边缘化"的状态，文化地位被忽视、文化空间被压榨，是最容易被破坏、被拆除的对象。然而，值得注意的是，这些不受重视却独具价值的城市特色民居，在"存量优化"的内涵式发展时代是可以充分利用的低效闲置空间。再加上近年来城市居民对多元城市文化空间的需求日益提升，城市空间需求侧的空缺也亟待填补。所以，城市中那些以"城市特色民居"为代表的闲置低效空间，亟待被重视、被激活、被复兴。

　　在以上背景下，本书基于文化创意产业的学术研究视角，围绕"城市特色民居"核心议题，以"青岛里院"为实例研究对象，从文化空间的理论研究维度，统筹界定了"城市特色民居文化空间"的基本概念与复兴内涵，综合分析了青岛里院的基本特征与时代困境，提出了一套科学合理、系统全面的城市特色民居文化空间复兴策略，致力于解决以"青岛里院"为代表的城市特色民居的现实生存问题，为这些空间类型更好地融入城市发展寻求一种传统与现代相融合的生存方式，为城市特色民居在当今时代的发展提供一种可供借鉴的复兴范式。

　　具体而言，本书主要从"城市特色民居文化空间"的基本概念入手，通过厘清其内涵与外延进一步界定了研究对象，梳理分析了"城市特色民居文化空间复兴"的基本概念与背后逻辑，清晰地界定了本书所指"复兴"的内涵。基于文化空间的理论研究视角，本书分别从"文化""空间""社会"等多重研

1

究维度，全面论述了城市特色民居文化空间复兴的时代必要性，并对其进行了深层次的时代审思；同时详细论述了青岛里院民居的时空特征，基本明确了"里院民居"区别于其他民居的特殊性，从而强化了空间复兴策略的针对性和实操性。此外，本书以青岛市市北区即墨路里院文化空间为例，提出了一个具体的概念性规划方案，进一步阐述了城市特色民居文化空间复兴策略的落地性与可行性。

王广振

2022 年 6 月

# 目　录

1

3

# 绪 论

当前,我国对城市建筑遗产的关注点主要囿于对宏大厚重的纪念性建筑和文物古迹的保护上,日常生活遗产以及基层建筑遗产处于被忽略的状态,很难得到重视。在此背景下,本书提出了一套科学合理、系统全面的城市特色民居文化空间复兴策略,以期为城市特色民居在当今时代的发展提供一种可供借鉴的复兴范式。

## 一、研究背景与意义

### (一)研究背景

#### 1.城市特色民居的生存危机日益凸显

当前,相对于宏大而深刻的城市文化空间,以"城市特色民居"为代表的规模较小、布局分散的空间类型正处于被强制性"边缘化"的状态,长期以来特色民居的地位与价值一直没有得到很好的认可与表达,导致其面临着"文化意义淡化、空间秩序割裂、社会主体缺位"的生存危机。在文化维度上,文化意义淡化的诱因在于"国家语境忽略与社会认知淡化"。在空间维度上,文化空间具有不可忽略的载体基质与场所意义,然而城市特色民居却呈现出空间失序与肌理割裂的基本现状。在社会维度上,治理体系桎梏与运营思维固化等因素使得社会主体缺位或参与不足,亟待搭建参与机制。

尤其是青岛里院,其话语权严重缺失,是最容易被破坏、被拆除的对象,亟待被重视、被正名、被复兴。"里院"作为青岛最具代表性的城市特色民居形态,与北京的胡同、上海的里弄一样,是一个城市不可替代、独一无二的特色民居文化空间。历史上,青岛里院的发展体量曾在 20 世纪 30 年代达到顶峰,据 1933 年青岛市政府的相关部门统计,那时里院总数高达 506 座,房间 16701 个,居民 10669 户。[①] 然而,反观当下,在日益加速的城市发展洪流中,里院却面临着日益严峻的生存危机。比如,2006 年,伴随着"青岛小港湾改造项目"开启,作为青岛里院群落重要节点的海关后片区被全面拆除,现代化的高楼取而代之,往日的海岸景观秩序被打破,城市西部传统市街生态模式消亡。[②] 值得庆幸的是,还有相当一部分里院得以留存,但由于诸多原因依然被大量闲置,在占据老城良好区位的同时自身却处于"僵化状态"。

2.城市由"增量扩张"向"存量优化"发展

我国城镇化进程自 20 世纪末开始进入快速发展期,图 0-1 的数据显示,2015～2019 年间我国城镇化进程稳步推进,城镇化率从 56.1% 提升至 60.6%。其中,经济发达地区中心城市的城镇化率突破 80%,已经进入国际公认的上限区间。[③] 从图 0-2 的国土资源统计数据中,我们发现 2013～2016 年间国有建设用地的出让面积连续 4 年持续下降,由最开始的 36.7 万公顷下降到 20.82 万公顷,相比 2013 年的高点下降比例超过了 43%。此外,2017 年国有建设用地的出让价款高达 4.99 万亿元,与前一年相比增长了 40.2%。基于此,伴随着城镇化进程的逐步加快,城市增量扩张的成本也在逐年激增,促使我国建设用地逐步进入"存量优化"时代。当前的城市空间发展趋势也正在经历着从"re-"到"trans-"的转型,从"外延式增量扩张"向"内涵式存量优化"转变,从"扩张性低效使用"进入"修复性更新激活"的阶段。

---

① 参见青岛市市南区政协编:《里院·青岛平民生态样本》,青岛出版社 2008 年版,第 246 页。
② 参见青岛市市南区政协编:《里院·青岛平民生态样本》,青岛出版社 2008 年版,第 247 页。
③ 参见曾鹏、李晋轩:《存量工业用地更新与政策演进的时空响应研究——以天津市中心城区为例》,《城市规划》2020 年第 4 期。

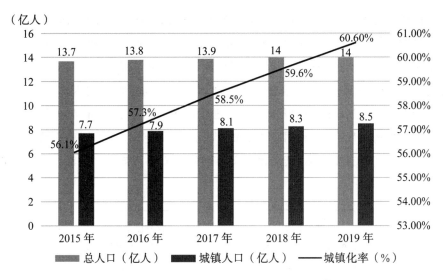

图 0-1　2015～2019 年城镇化率变化趋势①

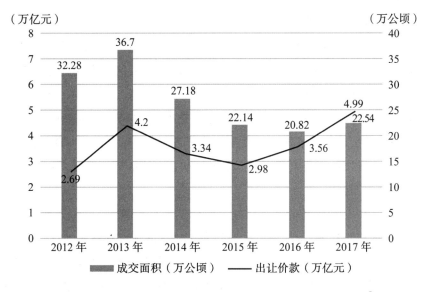

图 0-2　2012～2017 年国有建设用地出让价款和成交面积概览②

①　图表来源：作者自绘。数据来源：《中国统计年鉴》（2016～2020），国家统计局网站。

②　图表来源：作者自绘。数据来源：《国土资源公报》（2012～2016）、《2017 年中国土地矿产海洋资源统计公报》，中华人民共和国自然资源部网站。

　　传统意义上的"摊大饼式"的城市横向拓展是一种带有鲜明"达尔文"进化论逻辑的城市更新理念,这种具有线性逻辑的"简单化"城市更新,不仅导致了大量城市问题,而且也使得中国城市规划建设长期以来极度缺乏对人性和传统等终极价值的深度关怀,甚至沦为纯粹推动城市空间生产的技术工具。所以,置身于城市"存量优化"的时代,我们要扭转这种横向拓展逻辑,将关注点聚焦于城市中那些被废弃的、利用率不高的"僵化"文化空间,这类城市文化空间是当前复兴再造的首要目标,其文化意义与空间价值亟待被复兴激活。具体如图0-3所示。

图 0-3　城市空间发展趋势

### 3.城市居民的多元空间需求日益提升

　　从城市文化空间复兴的需求端来看,城市居民的多元空间需求正在日益提升。对于目前大部分城市尤其是一线城市而言,城市的基本功能已经逐步完善,恩格尔系数明显下降。在此背景下,城市居民在满足基本生活需求的基础上逐渐转向更高层次的精神文化诉求,对于公共活动空间、艺术创意空间、创意零售空间等消费体验需求逐步扩大。尤其是当一个国家的人均GDP升至3000美元上下时,居民的消费就逐渐从"以温饱为主的基本型消费"向"以满足为主的享受型消费"转变。[1]

　　青岛2019年的GDP高达11741.31亿元,人均GDP为12.6万元。伴随着人均GDP的逐步提升,青岛城市居民的文化消费需求也在逐步地优化升级,对于城市空间品质的优化诉求也在日益提升。然而,与青岛居民较为积极的休闲态度和休闲动机不相匹配的是,青岛城市现有的公共休闲配套整体上较为薄

---

　　① 联合国《国民核算年鉴》资料显示,美、日、韩等国人均GDP到达3000美元左右时,恩格尔系数明显下降,平均为32.67%;交通通信、文化、娱乐、教育等消费比重迅速上升;对住房、轿车的需求呈快速增长趋势。

弱,而且居民对公共休闲设施及服务的满意度都普遍较低。① 正是由于初始的城市功能不再满足这个城市日益增加的多元化诉求,诸多类型的城市复兴活动才会应运而生、不断涌现。因此,在城市发展的"存量优化"时代,应充分利用诸如特色民居之类的城市闲置低效空间,并将其改造成为满足市民、游客多方需求的新功能空间,在填补城市空间需求侧短板与空缺的同时,可以让城市特色民居紧跟时代步伐,更好地融入城市发展浪潮中。

（二）研究意义

1.对于民居文化空间复兴的文化意义

城市特色民居作为一个地域空间极具特色的存在,拥有自身独特的文化意义。城市特色民居文化空间复兴是维系地域文化多样性的必要举措,是增强地域文化认同的必然需要。从"点状"民居文化空间、"线状"街区文化空间到"面状"城市文化空间,该复兴进程可以"以点连线、以线带面",持续推动城市文化与空间功能的联动发展,从而进一步实现城市文化的整体复兴。具体而言,本书提出的城市特色民居文化空间复兴策略,不仅可以为"青岛里院"的文化传承与空间复兴提供旗舰性发展范式,让"里院文化"跟上时代脉搏,扎根时代土壤,更好地适应时代发展,而且可以为城市特色民居文化空间在当今时代环境中如何生存、如何更好地融入城市发展浪潮中,提供一种可借鉴的发展范式。

2.对于政府城市治理优化的社会意义

如今,在"存量优化"的城市发展时代,大批闲置、"僵化"的城市特色民居文化空间散落于城市的各个角落,这些空间应该如何充分利用? 如何重获新生? 如何反哺城市? 这些都是政府在当下的城市治理进程中亟须破除的难题。以"青岛里院"为例,近些年来,随着相关保护政策的相继出台,青岛政府层面已经充分意识到复兴里院的重要性与急迫性,而且已经在部分区域开展了里院民居的产权回收、违建拆除、居民腾退等抢救性征收行动。但是,由于政府在以高额成本回收产权之后,剩下的财政资金无法继续支撑后期开发运营成本,再加上里院本身建筑体量较小且空间布局分散等现状,导致了前期融资困难、后期运营困难等现实困境。基于此,本书以"青岛里院"为切入点,围绕"城市特色民居

---

① 参见唐建军:《从旅游城市到休闲城市——基于青岛问卷调查数据的分析》,《河南大学学报》（自然科学版）2015 年第 1 期。

文化空间复兴"这一核心议题提出切实可行的复兴策略,在顶层设计层面深度契合青岛城市治理诉求,不仅可以为政府的城市治理提供战略意义和实操意义层面的双重参考,而且可以让城市未来的复兴路径更加合理、科学、高效。

3.对于城市文化空间消费的经济意义

在城市特色民居文化空间复兴的过程中,要在建筑空间功能更新再利用的基础上,注重场景式文化消费空间的构建与营造;不仅注重传统功能性服务业态的完善与优化,还应积极响应青岛关于"打造时尚之都"的政策号召,在消费群体的构建中注重年轻人的时代潮流偏好,积极引进新型创意类业态,更多地吸引年轻人驻足消费。具体而言,一方面,在创意体验尺度方面,"里院"作为商住一体的中西折中式建筑,其商住复合型特征具有极强的业态包容性,通过赋予其多元的业态功能,创造引领新潮的消费热点,可以在满足居民多元空间需求的基础上,进一步吸引年轻消费群体的关注与消费,不断地增强其对区域经济的正外部性,持续发挥辐射带动作用,成为老城新的经济增长点,塑造青年文化引力场;另一方面,在社区服务尺度方面,通过打造邻里商业综合体,在满足社区居民基本配套服务、创造更多的公益性岗位的同时,还可以为居民提供极具里院特色的社交公共空间。

## 二、研究综述

### (一)城市空间复兴相关研究

1.城市空间更新理念

通过梳理相关文献发现,城市空间更新在学术研究层面呈现出"文化转向"与"空间转向"的研究趋势,在实践应用层面呈现出由"功能理性主义"向"文化人性主义"转变的特征。

(1)学术理念:"文化转向"与"空间转向"

19世纪中叶以来,伴随着城市化进程的加深,"文化"作为城市社会发展的独立元素逐步被人们认识。20世纪整个城市规划过程呈现出从"物质实体"到"经济社会"再到"文化城市"的演变过程。在这一过程中,人们逐渐认识到文化因素在城市发展中的助推作用,并开始从文化的视角来理解和剖析人类社会发展过程中各个领域的新现象、新矛盾和新问题,这一研究方向的深刻转变即为人们常称的"文化转向"（Culture Turn）。① 紧接着，20 世纪 70 年代以来，以亨利·列斐伏尔（Henri Lefebvre）的著作《空间的生产》（*The Production of Space*，1974）为标志，人们对空间的认知逐渐超越对其本体论的探讨，开始注重对"空间"社会实践的研究与探讨②，对空间与社会、历史的辩证关系进行了深入分析，并以"空间"为研究范式剖析权力、资本和意识形态在社会空间的运作规律，由此引发了社会科学研究的"空间转向"。③

伴随着空间研究的"文化转向"以及文化研究的"空间转向"，"空间"与"文化"的主要意义以及互动关系逐步受到学术界的高度重视。奎恩（Mike Crang）曾提出"文化"与"空间"相互依存的理论，即"文化"需要一个特定的"空间"来承载和表现，而"文化"又赋予"空间"一定的意义。④ 简言之，"空间"作为"文化"的容器持续孕育着"文化"，反过来"文化"对于"空间"的建构与塑造也具有重要作用。基于此，从"文化空间"的理论研究维度，以"城市文化空间"为切入点，探讨城市特色民居文化空间复兴的相关议题，具有重要的学术研究意义和时空实践意义。

（2）实践理念：从"功能理性主义"到"文化人性主义"

20 世纪以来，有关城市规划设计的两大起源性质的纲领性文件《雅典宪章》（*Charter of Athens*，1933）⑤和《马丘比丘宪章》（*Charter of Machu Picchu*，1977）⑥先后问世。《雅典宪章》主张基于"功能分区"的理念来进行城市规划设计，把城市活动区分为"居住、工作、游憩、交通"四大功能，并前瞻性地提出了留存具有象征历史意义的建筑和地区的重要性。⑦ 经历了大约半个世纪的发展，

---

① 文化转向：文化研究于 20 世纪 60 年代发源于英国，具体来说，它所指涉的是第二次世界大战结束后在英国形成的知识流派，它以理查德·霍格特（R. Huggett）、雷蒙德·威廉斯（R. Williams）等左翼批评家为先驱，并在学院内实现了建制化。从 80 年代初期开始，文化研究逐渐成为具有全球影响的知识领域，至此文化研究逐渐不再具有特定的指称，而是快速地渗入各个领域，着手各种文化形式的开放性对话。参见彭燩《城市文化研究与城市社会学的想象力》，《南京社会科学》2006 年第 3 期；刘合林：《城市文化空间解读与利用：构建文化城市的新路径》，东南大学出版社 2010 年版，第 19 页。

② 参见毛海燕、沈宏、艾丽丝·沃克：《"日常用品"中的空间问题——空间叙事学视角的解读》，《学习与探索》2010 年第 4 期。

③ 参见周真刚：《贵州苗族山地民居的建筑布局与文化空间——以控拜"银匠村"为例》，《黑龙江民族丛刊》2013 年第 2 期。

④ 参见[英]奎恩：《文化地理学》，王志弘、余佳玲、方淑惠译，（台湾）巨流图书股份有限公司 2003 年版，第 3 页。

⑤ 《雅典宪章》由 1933 年国际现代建筑会议（CIAM）第四次会议制定，主题为"功能城市"。

⑥ 《马丘比丘宪章》由 1977 年国际现代建筑会议（CIAM）在秘鲁印加文化的遗址——马丘比丘制定。

⑦ 参见孙逊、陈恒主编：《刘易斯·芒福德的城市观念》，上海三联书店 2014 年版，第 34 页。

城市空间建设问题的复杂性愈发明显,《马丘比丘宪章》在城市规划的指导思想上作出了一个重大的决定,它摒弃了功能理性主义的基本思想,主张社会文化决定论的基本思想。① 到了 20 世纪 80 年代,以"文化"为主导的复兴浪潮(Culture-led Regeneration)在西方世界逐渐兴起。②

进入 21 世纪,创意产业与城市发展国际会议在香港举办,会议的主要内容是讨论文化创意产业与城市复兴之间的关系③,并深入分析了"物质更新主导"和"文化政策主导"的旧城改造方式特征(见图 0-4)。

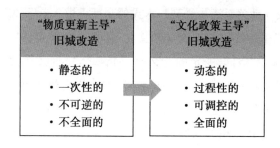

图 0-4　旧城改造:从物质更新主导到文化政策主导

"物质更新主导"的旧城改造模式是静态的、一次性的、不可逆的、不全面的,"文化政策主导"的旧城改造模式是动态的、过程性的、可调控的、全面的。单霁翔先生进一步指出,21 世纪,"城市"与"文化"的结合是历史进步的必然结果,城市发展的趋势将是由"功能型城市"向"文化型城市"转变。④ 综上所述,城市空间的更新实践理念大致经历了由"功能理性主义"向"文化人性主义"的演变过程。

2.城市空间研究维度

通过梳理相关文献,根据研究视角与侧重点的不同,将城市空间的相关研究大致分为文化社会学、空间形态学、政治经济学、科技数字化四大维度。

① 参见单霁翔:《从"功能城市"走向"文化城市"》,天津大学出版社 2007 年版,第 132 页。
② 参见李祎、吴义士、王红扬:《西方文化规划进展及对我国的启示》,《城市发展研究》2007 年第 2 期。
③ 参见秦朗:《城市复兴中城市文化空间的发展模式及设计》,重庆大学硕士学位论文,2016 年,第 1 页。
④ 参见单霁翔:《从"功能城市"走向"文化城市"》,天津大学出版社 2007 年版,第 251 页。

（1）文化社会学维度：空间的文化属性

刘易斯·芒福德（L. Mumford）在其两部著作《城市文化》（*The Culture of Cities*，1938）和《城市发展史：起源、演变和前景》（*The City in History：Its Origins，Its Transformations，and Its Prospects*，1961）集中论述了文化与城市二者之间的相互作用机理。此外，最早提出"建筑人类学"理念的阿摩斯·拉普卜特（Amos Rapoport）在其代表文献《宅形与文化》（*House Form and Culture*，1969）、《建成环境的意义》（*The Meaning of the Built Environment*，1982）中，强调了文化对人居环境的形成起着决定性的影响。莎朗·佐京（Sharon Zukin）也在《城市文化》（*The Cultures of Cities*，1996）中讨论了文化对美国城市的扩展、对形成当代美国城市社会的重要作用以及美国文化对全球的负面影响。以上，以刘易斯·芒福德为代表的学者关于文化与城市关系的探讨和论述逐渐拓展到城市社会学等学科领域，对于城市未来发展的不同阶段具有重要的启发意义。这个方向是当代人文社会科学等"批判式"学科领域的主流研究维度，更加侧重于学术性与概念性。

（2）空间形态学维度：空间的物质属性

美国学者凯文·林奇（Kevin Lynch）在其著作《城市意象》（*The Image of the City*，1960）里提出了构成城市意象的五种要素——路径（Path）、边界（Edges）、区域（District）、节点（Nodes）和地标（Landmarks），这些要素有利于提升城市的可意象性，增强受众对城市形象的自我感知。[①] 简·雅各布斯（J. Jacobs）在《美国大城市的死与生》（*The Death and Life of Great American Cities*，1961）一书中也集中论述了城市空间的规划设计问题。关于城市空间物质属性的研究，学者们从形态学（Morphology）、类型学（Typology）等城市规划设计理论开始并以这些空间设计理论为核心，进一步引入生态学、历史学、社会学等学科，实现内涵和外延的丰富和拓展。这个方向是当代城市建筑规划学等"实证式"学科领域的主流研究维度，更加侧重于实用性与落地性。

（3）政治经济学维度：空间的政治属性

关于城市空间政治属性的研究，主要以西方马克思主义和结构主义为基本框架，领军人物亨利·列斐伏尔在其代表文献《空间的生产》中曾提及"绝对空间"和"抽象空间"等概念，集中论述了"空间"的社会政治意义以及空间与资本

①　参见［美］凯文·林奇：《城市意象》，方益萍、何晓军译，华夏出版社 2001 年版，第 35～64 页。

的互换逻辑。<sup>①</sup> 戴维·哈维(David Harvey)也在《叛逆的城市》(*Rebel Cities*，1935)中指出，城市空间在某种意义上可以被看作资本的"战场"，城市化的本质是以"圈地"吸收剩余资本的过程。<sup>②</sup> 综上，政治经济学维度的研究大多属于城市理论和政治经济学领域的研究，重研究、轻应用，着重研究空间背后的政治属性，忽视了空间作为改革空间的日常使用和社交功能。

(4)科技数字化维度：空间的科技属性

20世纪90年代，伴随着高科技在城市规划设计中的应用日益广泛深入，空间研究的科技数字化维度逐渐兴起。该维度主要是指通过数据整合、问题分析、价值挖掘等方式，对城市形态及使用状况进行数据模拟分析、规划设计，形成极具实用性、实操性、针对性的城市空间。此类依托于数字技术及大数据的应用研究，具体涉及地理信息系统数据、交通数据、遥感数据等。这个研究方向极具实用性，处于互联网技术的时代新风口，在未来的城市空间研究中具有巨大的发展潜力。所以，在此时代背景下，宾夕法尼亚大学的城市空间分析(Urban Spatial Analytics)专业便应运而生。

3.城市空间演进历程

综观全球范围内的城市复兴历程，城市空间演进历程大致经历了三大历史阶段：大规模内城改造运动、历史文化遗产保护运动和城市全面复兴运动，由最初的大规模的物质环境更新，向更广泛意义上的社会改良和文化复兴转变，即所谓的"城市复兴"更新时期。具体而言，聚焦于西方语境下的城市空间演进历程，大致经历了20世纪50年代的"城市重建"(Urban Reconstruction)、60年代的"城市活化"(Urban Revitalization)、70年代的"城市更新"(Urban Renewal)、80年代的"城市再开发"(Urban Redevelopment)以及90年代的"城市复兴"(Urban Regeneration)等演进过程，由单纯地强调"建筑年代和文物价值"到强调"城市空间永续利用和多样性保护"。具体可参见表0-1。

① 参见王婷婷、张京祥：《文化导向的城市复兴：一个批判性的视角》，《城市发展研究》2009年第6期。

② 参见王婷婷、张京祥：《文化导向的城市复兴：一个批判性的视角》，《城市发展研究》2009年第6期。

**表 0-1　西方城市更新演进历程**①

|  | 城市演进历程 | 战略导向 |
|---|---|---|
| 20 世纪 50 年代 | 城市重建<br>（Urban Reconstruction） | 旧城改造以及边缘地区开发 |
| 20 世纪 60 年代 | 城市活化<br>（Urban Revitalization） | 延续前一阶段，<br>开始注重旧城修复 |
| 20 世纪 70 年代 | 城市更新<br>（Urban Renewal） | 关注旧区局部地段改造，<br>开启大规模的旧城更新 |
| 20 世纪 80 年代 | 城市再开发<br>（Urban Redevelopment） | 强调以旗舰型的大型<br>项目带动城市开发 |
| 20 世纪 90 年代 | 城市复兴<br>（Urban Regeneration） | 城市改造步伐趋缓，<br>强调政策和实践的综合性 |

20 世纪 70 年代末，北美第一次提及"城市复兴"的概念，旨在利用政府资金发挥杠杆作用，呼吁私营发展部门参与老城的发展。② 20 世纪末，英国政府的相关部门为了解决日益严重的城市问题，委托建筑学领域的专家理查德·罗杰斯勋爵（Lord Richard Rogers）带领一百多位学者研究一年，完成了城市复兴领域极具划时代意义的重要著作《迈向城市的文艺复兴》（*Towards an Urban Renaissance*，1999），第一次把"城市复兴"放到了与"文艺复兴"（Renaissance）同等的战略高度。这一时期的城市复兴内涵是指以经济、社会和环境等为多维目标的综合城市复兴运动，为新世纪城市复兴的演进历程指明了方向。

4.城市空间复兴研究

进入 21 世纪，英国文化、媒体和体育部在《文化为复兴中心》（2005）一文中提出了三个以文化为导向的城市复兴战略：第一，文化符号和地标；第二，场所营造及城市认同；第三，社区联合。③ 紧接着，国内学者于立等在《以文化为导向的英国城市复兴策略》一文中总结出"以房地产为主的物质复兴、以文化为导向

---

① 参见朱力、孙莉：《英国城市复兴：概念、原则和可持续的战略导向方法》，《国际城市规划》2007年第 4 期。

② 参见于立、张康生：《以文化为导向的英国城市复兴策略》，《国际城市规划》2007年第 4 期。

③ 参见王长松、田昀、刘沛林：《国外文化规划、创意城市与城市复兴的比较研究——基于文献回顾》，《城市发展研究》2014年第 5 期。

的城市复兴、以项目为基础的旗舰式复兴"三种策略。在落地实施过程中，以"文化为导向的城市复兴"的实操策略主要包括以下三个方面：文化地标（Cultural Landmark）、文化区（Cultural Quarter）和文化节（Cultural Festival）。①

　　在城市复兴策略的论述方面，钟凌艳在其硕士论文《文化视角下的当代城市复兴策略》中，将当代城市复兴项目的文化归纳为"资源型文化项目、艺术型文化项目、国际型文化项目、科技型文化项目、生态型文化项目"五种类型。② 李若兰在其硕士论文《以文化为导向的城市复兴策略研究》中，将更新方法归纳为"人文主义、功能主义、结构主义、空间形态主义"四种维度。③ 郑憩等在《国际旧城再生的文化模式及其启示》一文中，将旧城再生的文化模式归纳为"旗舰战略、创意阶层战略和改进型战略"三种类型。④ 后来，方丹青等又增添了文化大事件战略。⑤ 秦朗在其硕士论文《城市复兴中城市文化空间的发展模式及设计》里，将城市复兴原则归纳为"历史关联性、渐进式发展和开发复合性"三种类型。⑥

　　在城市复兴体系的构建方面，田涛等在《西安市文化资源梳理及古城复兴空间规划》一文中，曾指出城市空间复兴必然要包括"发展战略、策略、实施路径和规划体系"四大部分的体系内容。⑦ 田涛也在其博士论文《古城复兴：西安城市文化基因梳理及其空间规划模式研究》中，将古城复兴规划体系归纳为"宏观文化格局引导、中观文化脉络控制、微观文化场景塑造"三大维度。⑧ 于海漪、文华在《北京大栅栏地区城市复兴模式研究》一文中从"规划模式、建筑模式、景观模式及经济模式"四大方面，引导该区域的城市复兴。⑨

---

①　参见于立、张康生：《以文化为导向的英国城市复兴策略》，《国际城市规划》2007 年第 4 期。

②　参见钟凌艳：《文化视角下的当代城市复兴策略》，重庆大学硕士学位论文，2006 年，第 43 页。

③　参见李若兰：《以文化为导向的城市复兴策略研究》，中南大学硕士学位论文，2009 年，第 8～12 页。

④　参见郑憩、吕斌、谭肖红：《国际旧城再生的文化模式及其启示》，《国际城市规划》2013 年第 1 期。

⑤　参见方丹青、陈可石、陈楠：《以文化大事件为触媒的城市再生模式初探——"欧洲文化之都"的实践和启示》，《国际城市规划》2017 年第 2 期。

⑥　参见秦朗：《城市复兴中城市文化空间的发展模式及设计》，重庆大学硕士学位论文，2016 年，第 32 页。

⑦　参见田涛、程芳欣：《西安市文化资源梳理及古城复兴空间规划》，《规划师》2014 年第 4 期。

⑧　参见田涛：《古城复兴：西安城市文化基因梳理及其空间规划模式研究》，西安建筑科技大学博士学位论文，2015 年，第 31 页。

⑨　参见于海漪、文华：《北京大栅栏地区城市复兴模式研究》，《华中建筑》2017 年第 7 期。

## (二)特色民居复兴相关研究

### 1.特色民居研究历程

早在 20 世纪 60 年代,西方建筑学界就已经开始关注"非主流建筑"这一类地域性建筑,这促使越来越多的学者逐步意识到"民居"在人类建筑史乃至全球文明史上的重要意义。[①] 伯纳德·鲁道夫斯基(Bernard Rudofsky)曾在其著作《没有建筑师的建筑》(*Architecture Without Architects*,1964)中提到:"建筑史会受到社会偏见的影响……一部建筑作品选集全部是为少部分特权阶层建造的房子……却只字未提平头百姓的房屋。"[②] 这一论述试图突破世人对建筑艺术认知的原始狭隘桎梏,引发了建筑界关于研究重点的审视与反思。紧接着,阿摩斯·拉普卜特(Amos Rapoport)在其著作《宅形与文化》(*House Form and Culture*,1969)中,具体论述了全球不同地区、不同民族的民居特征以及形成因素,并进一步分析了当代居住文明的演进历程。[③] 进入新世纪之后,林赛·阿斯奎斯(Lindsay Asquith)和马塞尔·维林加(Marcel Vellinga)汇编了《21 世纪的乡土建筑研究:理论、教育及其实践》(*Vernacular Architecture in the 21 st Century:Theory,Education and Practice*)论文集,主要论述了当下国内外关于特色民居研究的学术前沿与基本趋势。[④]

### 2.特色民居研究指数

关于"特色民居"的研究总体上有两种方式:一是基于建筑规划学等研究领域的实证式研究,二是基于人文社会科学等领域的批判式研究。中国知网的相关数据显示,在图 0-5"特色民居"的学科分布中,"建筑科学与工程"占据了37.5%的高份额。在图 0-6"特色民居"的研究主题分布中,"民居建筑"与"传统民居"主题位列前两位,文章总共高达 316 篇,占总主题近 1/3 的比例。其余主题的文章数量呈现直线下降的趋势,且很少有从"文化""空间""社会"多重维度分析"特色民居"的相关研究。

---

① 参见董正:《山东枣庄地区乡村传统民居探析》,山东大学硕士学位论文,2016 年,第 2 页。

② [美]伯纳德·鲁道夫斯基:《没有建筑师的建筑:简明非正统建筑导论》,高军译,天津大学出版社 2011 年版,序言。

③ 参见董正:《山东枣庄地区乡村传统民居探析》,山东大学硕士学位论文,2016 年,第 2 页。

④ 参见李珈:《西安市明城墙内传统民居保护利用研究》,西安建筑科技大学硕士学位论文,2016 年,第 10 页。

图 0-5 "特色民居"文献学科分布①

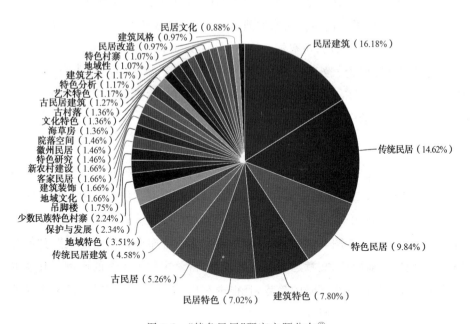

图 0-6 "特色民居"研究主题分布②

① 数据来源于中国知网,统计日期截至 2021 年 3 月 17 日。
② 数据来源于中国知网,统计日期截至 2021 年 3 月 17 日。

值得注意的是，"特色民居"作为建筑的一种类型，既包含了"建"的主观能动性，同时也包含了"筑"的客观材质与物化成果。① 然而，通过梳理相关文献发现，关于"特色民居"的文章，对于"建"的主观能动性着墨较少，更多侧重于"筑"的物理规划层面，呈现出"轻文化意义挖掘，重空间规划设计"的特点。尤其是相较于其他类型的建筑，"民居"是特色民居建筑空间的主要使用主体，所以具有更深层次的主观能动性，应更加注重"文化""空间""社会"多重维度层面的结合研究。

### 3.特色民居复兴研究

喻敏等在《中心城区内的历史街区复兴与城市触媒——以成都市宽窄巷子片区民居改造为例》一文中，论述了两种宽窄巷子民居的更新策略，即"改其形态留其精神"与"延续传统，更新内在"。② 这两种策略相结合，可以更好地实现保护与更新之间的协调和平衡，比如乌镇的东栅与西栅，便是两种截然不同的民居复兴策略：东栅进行全面的商业开发，而西栅则较好地保留居住功能。张晓晗等在《成都地区传统民居保护与更新模式研究》一文中指出，成都特色民居保护更新模式包括古镇打造、历史街区、博物馆保存、挂牌保护四种既有模式，以及传统民居历史公园、文化创意产业园、乡村生态旅游、专题艺术馆四种新型模式。③ 李珈在其硕士论文《西安市明城墙内传统民居保护利用研究》中，从文化复兴、经济振兴、空间再兴三大维度论述了保护更新策略。④

### 4.青岛里院复兴研究

1949年，梁思成先生就曾指出应高度重视青岛近代建筑的相关研究，并在中国建筑学会所编写出版的《青岛》一书中，明确指出要注重研究青岛建筑的价值与意义。⑤ 然而，直到20世纪末，关于青岛近代建筑的研究与探讨才真正进入起步阶段。1996年，建筑学者托尔斯腾·华纳（Torsten Warner）就曾对德租时期的青岛建筑展开系统的调查研究，并详细论述了包括里院在内的青岛近代

---

① 参见周真刚：《贵州苗族山地民居的建筑布局与文化空间——以控拜"银匠村"为例》，《黑龙江民族丛刊》2013年第2期。

② 参见喻敏、罗谦：《中心城区内的历史街区复兴与城市触媒——以成都市宽窄巷子片区民居改造为例》，《四川建筑》2011年第4期。

③ 参见张晓晗、罗谦：《成都地区传统民居保护与更新模式研究》，《中华文化论坛》2015年第2期。

④ 参见李珈：《西安市明城墙内传统民居保护利用研究》，西安建筑科技大学硕士学位论文，2016年。

⑤ 参见裴根：《青岛八大关历史文化街区研究》，中国海洋大学出版社2012年版，第12页。

建筑的空间形态以及重要文化意义。[①] 2002 年,青岛市政府在《青岛历史文化名城保护规划》中首次将"里院建筑"划入保护范围。自此,关于青岛里院复兴的研究不断深入,尤其是 21 世纪以来理论研究与实践研究同步发展。

在理论依托方面,马晓菡在《青岛"里文化"场所精神的文脉延续探索》中,便引入"场所精神"的基本理论,重在探索里院所蕴含的内在含义。[②] 在实践更新方面,学者们也围绕着里院建筑更新展开了广泛的讨论。王润生等在《多元·共生——浅议青岛"里院建筑"的重新建构》中,指出运用动态和区域联动的方法,从物质、经济、文化等层面对其重新建构,以实现对里院的保护和可持续发展。[③] 于红霞等在《青岛里院建筑保护与更新模式研究——以安庆里为例》中提出了"商住一体、老年公寓、青年公寓、餐饮、文化创意"等模式。[④] 吴晶霞等在《基于适应性单元的历史街区更新策略——以青岛四方路里院为例》一文中,基于适应性单元的基本原理,从典型居住单元整治、邻里交互内生网络、历史人文景观游线、交通控制引导、功能与业态变迁等方面提出了适应性更新策略。[⑤] 韩晓鹏等在《基于微更新的历史文化街区保护更新策略研究——以青岛裕德里里院街区为例》中,从延续传统肌理、控制物质形态、街区功能置换三个角度论述里院街区保护更新策略。[⑥] 张靓在《活力复兴导向下青岛里院保护与更新策略研究——以广兴里为例》中,从功能混合、强化商业系统、优化交通体系、营造公共空间、重构建筑形态、还原历史场景等方面探究了里院保护更新策略。[⑦]

① 参见裴根:《青岛八大关历史文化街区研究》,中国海洋大学出版社 2012 年版,第 12 页。

② 参见马晓菡:《青岛"里文化"场所精神的文脉延续探索》,中国城市规划学会编《共享与品质——2018 中国城市规划年会论文集》,中国建筑工业出版社 2018 年版,第 628～640 页。

③ 参见王润生、崔文鹏:《多元·共生——浅议青岛"里院建筑"的重新建构》,《工业建筑》2010 年第 5 期。

④ 参见于红霞、黄宝玉:《青岛里院建筑保护与更新模式研究——以安庆里为例》,《青岛理工大学学报》2015 年第 3 期。

⑤ 参见吴晶霞、林青青、王晓鸣:《基于适应性单元的历史街区更新策略——以青岛四方路里院为例》,《中国房地产》2016 年第 6 期。

⑥ 参见韩晓鹏、宁启蒙、汤慧:《基于微更新的历史文化街区保护更新策略研究——以青岛裕德里里院街区为例》,《安徽建筑》2019 年第 10 期。

⑦ 参见张靓:《活力复兴导向下青岛里院保护与更新策略研究——以广兴里为例》,《建筑与文化》2020 年第 12 期。

**（三）研究述评**

以上梳理分析了城市空间复兴和特色民居复兴的相关文献，接下来从研究维度、研究对象、研究重点三大方面进行总结分析。

**1.研究维度：文化空间**

在研究维度方面，通过梳理分析城市空间更新理念与城市空间研究维度相关文献，结合国内关于特色民居的研究呈现出"重实证规划研究，轻文化批判研究"的特点，得出了本书的基本研究维度，即以文化社会学和空间形态学为核心视角集中展开论述，并以政治经济学、科技数字化为辅助视角加以分析。简言之，将文化创意产业作为学术基点，以城市文化空间为切入点，探讨城市特色民居文化空间复兴的相关议题，既具有重要概念性的学术研究意义，又具有实操性的时空实践意义。

**2.研究对象：城市特色民居**

在研究对象方面，通过梳理城市特色民居的相关研究文献发现，其大多以村落特色民居、古城传统民居以及少数民族特色民居为主，对于城市化背景下城市特色民居的保护与更新的探讨相对较少；内容主要涉及特色民居的建筑技术、空间艺术、文化解读、历史演变等保护更新方面，而关于特色民居的全面系统的复兴策略研究较少。尽管部分研究已涉及开发策略、营销思路、居民参与、融资途径等，但对于综合性复兴策略的深入探讨依然较少。

**3.研究重点：城市复兴策略**

在研究重点方面，通过梳理分析城市空间演进历程、城市空间复兴研究、特色民居复兴研究、青岛里院复兴研究等相关文献，不难发现，拥有多重更新内涵的"城市复兴"是当前城市空间演进历程中的高级发展阶段。结合城市复兴、民居复兴、里院复兴策略研究的日益体系化、多元化、立体化，我们将本书的研究重点置于"城市复兴"的范畴，围绕着文化、空间、经济三大维度，致力于打造具备系统性、全面性、实操性的城市复兴策略。

## 三、研究方法与思路

### （一）研究方法

#### 1.文献研究法

通过广泛收集整理专著、学术论文等学术文献资料，以及行业研究报告、概念性规划等实操性文献资料，本书集中梳理分析了国内外有关城市特色民居文化空间复兴和青岛里院复兴的文献，在借鉴吸纳已有研究成果、掌握该领域可供参考的前沿观点的基础上，得出当前特色民居的相关研究呈现出"轻文化意义挖掘，重空间规划设计"的特征，其文化意义与空间功能亟待融合研究。

#### 2.实地调研法

为了获得第一手的实地调研资料，本书开展了以"老城复兴"为主题的青岛市市北区历史文化街区保护与更新专题调研。调研组实地走访了错落分布的里院建筑群，采访了青岛市文旅局以及里院街道的相关管理人员，在直观地感受青岛里院独特的文化气质与空间特征的同时，了解到以青岛里院为代表的城市特色民居文化空间因布局分散、资金不足、缺少专业团队等诸多因素处于闲置僵化状态，亟待被重视、激活、复兴。

#### 3.理论研究法

通过梳理分析城市复兴、文化空间以及文化与空间相互依存等理论，本书深度探讨了城市特色民居文化空间在"文化""空间""社会"多维度存在的深层次时代问题，并以此为基础，根据复兴策略的基本功能与重要程度的不同，从基础层、关键层、外围层三大维度提出了城市特色民居文化空间复兴策略。其中，每一层根据自身属性的不同均从"文化""空间""社会"等多重维度具体展开论述。本书基于基本理论引导现实实践，实现了宏观意义上的理论普适性，对推动全国城市特色民居的复兴进程具有较强的参考价值。

#### 4.案例分析法

为了增强复兴策略的针对性与落地性，本书全面分析了青岛里院的时空特征，并以之为例辅助论证了城市特色民居文化空间的复兴策略。此外，本书还以青岛即墨路里院文化空间为例，提出了一个具体的概念性规划方案，进一步阐述了城市特色民居文化空间复兴策略的可行性。

综上所述,在研究方法方面,通过使用文献研究法、实地调研法、理论研究法和案例研究法,实现了理论与实践、共性与个性、宏观与微观的深度融合和辩证统一。

(二)研究思路

从宏观意义上讲,本书以城市文化空间为研究维度,以城市特色民居为研究对象,深度分析当前城市更新视域下文化创意产业和城市发展之间的互动机理,即文化创意产业如何更好地作用于城市空间发展?反过来,城市空间发展又如何反哺文化创意产业?当今时代,文化创意产业巧妙地顺应了城市功能转型的趋势,带动了城市空间的文化创新①,是当今时代城市复兴得以启动的关键动力。也就是说,如果给文化创意产业一个支点,它就可以撬动老城的复兴。那么,在快速流变的城市时空中,以文化创意产业为核心支点开展城市特色民居文化空间复兴,也是城市文化兴盛的关键触点之一。

本书的重点内容可以划分为五个部分:第一部分,从城市特色民居文化空间的基本概念入手,通过厘清其内涵与外延进一步界定了本书的研究对象。第二部分,梳理分析了城市特色民居文化空间复兴的基本概念与背后逻辑,清晰地界定了"复兴"的内涵。第三部分,以文化空间为理论研究视角,分别从"文化""空间""社会"多重研究维度,论述城市特色民居文化空间复兴的时代必要性。第四部分,主要从基本特征和时代困境两大层面,具体论述了青岛里院民居的时空特征,进一步强化了空间复兴策略的针对性和实操性。第五部分,从基础层、关键层、外围层三大层面,以青岛里院为例,论述了本书的核心议题——城市特色民居文化空间的复兴策略。

本书坚持问题导向的研究原则,按照"是什么、为什么、怎么做"的论述逻辑,从发现问题、分析问题、解决问题等方面展开研究。首先,运用文献研究法,在分析研究背景与文献的基础上,发现在学术研究层面存在"重实证规划研究,轻文化批判研究"等问题,其文化意义与空间功能亟待融合研究。其次,运用实地调研法,在实践层面发现以青岛里院为代表的城市特色民居文化空间亟待复兴,此为发现问题阶段。紧接着依托理论研究法,从文化空间的理论研究视角,论述城市特色民居文化空间复兴的时代必要性。再次,通过实地调研法与案例

---

①　参见姚子刚:《城市复兴的文化创意策略》,东南大学出版社 2016 年版,第 143 页。

分析法,交代了青岛里院民居文化空间的基本特征与时代困境,此为分析问题阶段。最后,在分析问题的基础上,通过理论研究与案例分析相结合,提出了本书的核心结论——城市特色民居文化空间复兴策略,并以青岛市即墨路里院文化空间为例,提出了"漫生活"文化商业综合体的复兴方案,此为最终的解决问题阶段。

本书的研究结构如图 0-7 所示。

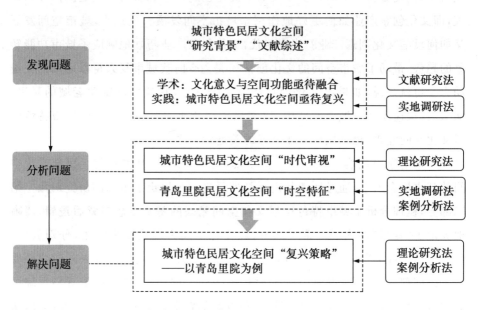

图 0-7　研究思路与研究方法

## 四、研究价值与不足

### (一)研究价值

城市特色民居作为一种极具烟火气的文化空间形态,代表着一个地域独特的生活方式,它们的生存现状和未来发展亟须获得全民范围内的高度关注。而当前关于特色民居的研究虽多,但呈现出"轻文化意义挖掘,重空间规划设计"的特征。由此,本书以城市文化空间中的民居文化空间类型为具体的研究对象,以文化创意产业为支点,从文化空间的理论研究视角,提出城市特色民居文化空间的普适性复兴策略,具有一定的学术意义和实践意义。本书不仅解决了城市特色民居如何更好地融入现代生活的现实性问题,更为重要的是可以呼吁大众重视城市特色民居的生存危机,从而进一步推动中国特色民居的复兴进程。

(二)研究不足

关于城市特色民居文化空间复兴的研究是一项长期的、系统性的课题,由于笔者自身学术研究能力有限、相关研究方法不够成熟以及缺乏一些专业知识,导致在本书的撰写和论证过程中存在以下方面的不足。一方面,在实地调研走访过程中,主要侧重于政府、企业主体的访谈调研,关于居民主体的调研较少,所以在论证过程中存在宏观学理层面论述较多的不足。另一方面,由于缺乏规划学、建筑学、经济学等系统理论积淀,所以对于这些方面的论证较为片面、限于表层、不够深刻。具体而言,由于缺乏系统的规划学、建筑学专业知识,本书论述主要偏向于概念性规划层面的介绍,无法深入里院进行详细的实地测绘,也无法有效甄别里院空间中的每一个建筑价值要素,对于里院民居的实操贴合性考虑得不够具体。此外,由于缺乏系统的经济学理论知识,本书论述主要偏向于文化层面,在产业层面的论述相对比较薄弱。

# 第一章　城市特色民居文化空间概念解析

本章从"城市文化空间"和"城市特色民居"等相关概念入手,通过厘清其内涵与外延,清晰地界定了本书的研究对象——城市特色民居文化空间,明确了本书的研究基点与基本范畴,为之后的具体论述奠定扎实的理论基础。

## 一、城市文化空间概念与类型

### (一)城市文化空间的概念和内涵

要想理解城市文化空间的基本概念和内涵,可以沿着空间→文化空间→城市文化空间的基本逻辑脉络展开。从一定程度上来说,空间本身可以看作人们认识世界的一个维度或一种方式。[①] 关于空间的认知与定位,在西方文明中经历了从绝对空间到功能空间再到社会空间的演变。[②] 在这一进程中,人们逐步认识到文化对于城市空间复兴的关键推动作用,关于文化空间的关注与探讨也日益深入。

值得注意的是,与"空间"概念的多义性不同的是,"文化空间"呈现出突出的场域性内涵,它是体现意义、价值的场所,由场所、意义符号以及价值载体共

---

① 参见周真刚:《贵州苗族山地民居的建筑布局与文化空间——以控拜"银匠村"为例》,《黑龙江民族丛刊》2013 年第 2 期。

② 参见李志刚、顾朝林:《中国城市社会空间结构转型》,东南大学出版社 2011 年版,第 2 页。

同构成。① 简单来说,文化空间是指具有文化意义或性质的场所地点。② 此外,值得注意的是,在本书的语境中,"文化空间"与"空间文化"两者具有一定的区别。文化空间作为空间的众多类型之一,它侧重于落地性的实践性意义。空间文化则是指列斐伏尔所研究的空间文化理论,侧重于深层次的文化性意义。在本书的论述过程中,更多的是将城市特色民居文化空间视作城市文化空间中的一种文化空间类型,将其置于实践性意义层面的文化空间语境中进行探讨,侧重的是空间的文化属性和文化的空间功能两大维度。

从此意义上讲,城市文化空间则是指在城市地域范畴中不断孕育、延展出来的各式各样文化空间的总和。具体而言,城市文化空间是指在人与城市的交互式实践中建构的、活力与秩序并存的、承载着各种文化要素的主体生活实践场域③,是感知人文和体验城市文化的重要场所。如果说空间是人们认知世界的一种方式,那么城市文化空间则是以文化创意产业的视角,借助城市特色民居等空间载体来观察城市、认知城市、研究城市的一种方式。

**(二)城市文化空间基本类型**

关于城市文化空间的分类,本书分别从功能主义与空间尺度两大维度出发,深度分析其延展性特质。一方面,从功能主义的视角出发,关于城市文化空间的分类,最早可以追溯至《雅典宪章》(1933)中关于城市原始功能的分类。其根据城市区域功能和城市活动性质的不同特点,将城市各个区域划分成"居住、工作、游憩、交通"四大基本功能。在此基础上,可以将城市文化空间进一步划分为"居住型文化空间、工作型文化空间、游憩型文化空间、交通型文化空间"四大类型。此外,在历史文化街区的研究范畴中,若以其原始功能为依据,大致可以分为商业复合型历史文化街区、产业复合型历史文化街区、居住复合型历史文化街区三种类型。④ 另一方面,从空间尺度的视角出发,其一,根据空间尺度

---

① 参见关昕:《"文化空间:节日与社会生活的公共性"国际学术研讨会综述》,《民俗研究》2007 年第 2 期。

② 参见向云驹:《论"文化空间"》,《中央民族大学学报》(哲学社会科学版)2008 年第 3 期。

③ 参见常东亮:《当代中国城市文化活力问题多维透视》,《学习与实践》2019 年第 4 期。

④ 参见《2020 城市更新白皮书系列:历史文化街区的活化迭代》,第一太平戴维斯与华建集团联合发布,2020 年 12 月。

的不同层次，可以将文化空间分为宏观文化格局、中观文化脉络、微观文化场景[1]三个层次；其二，根据文化空间的形态特征，可以将其划分为点状文化空间节点、线状特色文化街区、面状区域文化片区、网状城市特色群落四个层次。

综上，在深度分析城市文化空间概念、内涵和基本类型的基础上，本书界定了研究对象——城市特色民居文化空间的基本范畴，即在功能主义层面上，属于城市功能分类范畴中的居住型文化空间和街区功能分类范畴中的居住复合型历史文化街区；在空间尺度层面上，属于微观文化场景和点状文化空间节点。

## 二、城市特色民居的概念与特点

### （一）城市特色民居的概念和内涵

《黄帝宅经》曰："宅者，人之本。"可见，"宅"是人们的栖身之所，是人类生活之根本。建筑诞生的初衷也是人们为了寻求一个栖身之所，用以遮风避雨、抵御猛兽，所以"宅"是人类发展史上最早的建筑形态和住宅形式。[2] "民居"一词与上位者的"官舍"相对立，自古以来指代的就是基层百姓居住生活的房屋。而"特色民居"则是指那些独具地方特色的、以居住生活为主要功能的民间基层建筑。在此意义上，特色民居不仅具有现实的居住功能，它同样也是人类生存的情感场域，展示着不同地区、不同年代的历史真实性。

在界定完"特色民居"概念和内涵的基础上，本书从以下两大维度对"城市特色民居"的概念和内涵进行了界定与阐释。第一，在横向的地域属性层面，本书的研究对象为城市民居而非村落民居。第二，在纵向的历史维度层面，特色民居区别于一般意义上的民居形式，特指那些独具特色的民居建筑形式。基于此，本书研究的城市特色民居是指在城市地域属性范畴中兼具深厚文化内涵和独特空间特征的特色民居。也就是说，本书所探讨的城市特色民居同时兼具城市地域属性和独特时空特征两大属性。

---

① 参见田涛、程芳欣：《西安市文化资源梳理及古城复兴空间规划》，《规划师》2014 年第 4 期。

② 参见徐攀登：《青岛近代历史居住建筑保护和再利用研究》，青岛理工大学硕士学位论文，2017年，第 2 页。

**(二)城市特色民居的基本特点和优势**

与其他类型的城市文化空间相比,城市特色民居在文化空间的理论研究维度具有可供文化创意产业开发利用的诸多特点与优势。

1.文化:文化认同感与原生故事性

特色民居既是一种生活居住系统,又是一种社会文化系统,是长期人地关系相互作用的结晶。[①] 它最突出的特点在于人的深度参与性。作为城市在地特色的重要源头,"民居"凝结了一个地域最地道的生活方式。从这个意义上来说,正是由于"人"的长期参与互动,才使得城市特色民居不仅具有与生俱来的群体文化认同感,而且拥有可以自然孵化特色原生故事的绝佳环境。这种与生俱来的文化认同感和原生故事性,不仅为后期的创造性开发提供了独特的内容优势,而且极易通过场景重塑唤起在地居民的情感共鸣、吸引外地游客的驻足欣赏。

2.空间:地域辨识度与区位优越性

城市特色民居往往具有深刻的符号指向意义,是一个城市中极具地域辨识度的文化空间,比如北京的四合院、上海的里弄、青岛的里院等。一个地区如若拥有具备较高辨识度的城市特色民居,那么这对于凝练城市文化符号、塑造城市文化形象来说便具有了不可替代的在地优势与根植基因。此外,值得注意的是,在城市闲置空间的存量优化过程中,与远在郊区的工业遗产不同的是,被遗留下来的特色民居往往被"滞留"在城市中心城区内,具有原生的优越区位优势,为后期的复兴规划带来了充足的客群市场和强大的引流潜力。

综上,在深度分析"城市特色民居"概念、内涵和基本特点、优势的基础上,本书确定了研究对象——城市特色民居文化空间的研究基点,即城市特色民居既具有文化层面上的文化认同感与原生故事性,又具有空间层面上的地域辨识度与区位优越性。这既是探讨城市特色民居文化空间复兴的逻辑起点,更是助力城市内涵式发展的原生基点。

## 本章小结

综上所述,本书语境中的城市特色民居文化空间是将城市特色民居置于文

---

① 参见雷蕾:《中国古村镇保护利用中的悖论现象及其原因》,《人文地理》2012年第5期。

化空间的语境范畴中进行探讨，也就是说在"城市特色民居"基本概念上赋予其"文化空间"这一核心内涵。在此意义上，城市特色民居文化空间指代的不再是单纯意义上"冷冰冰"的静态文化遗产，它在"文化""空间""社会"多重维度上与宏观意义上的城市文化空间不断碰撞出不一样的火花，两者持续产生动态化的深层次联系与互动。①

---

① 参见徐嘉琳:《城市传统民居文化空间保护与更新策略研究——以青岛市北区即墨路街道为例》,《人文天下》2019 年第 19 期。

# 第二章　城市特色民居文化空间复兴探析

本章论述了文化创意产业和城市空间更新之间的互动机理,为下文论述城市特色民居文化空间复兴奠定坚实的学理基础。紧接着,通过梳理分析城市特色民居文化空间复兴的基本概念与背后逻辑,清晰界定了"复兴"内涵,以明晰研究思路,为下文具体论述的展开奠定坚实的思路框架基础。

## 一、城市特色民居文化空间复兴机理

### (一)文化创意产业对城市空间更新的作用机理

#### 1.文化创意产业对城市文化传统起着传承与创新的作用

基于文化创意产业的视角进行新一轮的城市空间更新,在某种程度上可以有效地避免城市文脉的中断与割裂。传统的城市文化之所以无法得到现代意义的传承,关键在于其表达方式依然停留在过去的时代语境当中,与当代受众之间存在着很大的隔阂。面对此种困境,文化创意产业可以通过现代的科技手段,将"创意"等元素巧妙地融入传统文化资源的开发与保护中,使其更新为当代的表达方式,以获得当代的文化认同,从而更好地得到传承与延续。此外,一个城市文化创意产业的发展成熟,也可以为其文化传统的传承与创新提供一个良好的文化空间,并且可以营造出一种全民参与城市文化传承与创新的积极氛围。

#### 2.文化创意产业对城市产业结构具有改善与延伸的功能

文化创意产业是高附加值的产业,具有极强的渗透性、扩散性特征,它在纵向维度和横向维度上重新定义传统意义上的产业链条。一方面,其"创意"的渗透性特征,可以模糊产业边界,并将自身的影响力渗透、扩展至其他产业中。文化创意产业的发展促进"文化"与"创意"的理念渗透到传统产业的各个环节,从而更新传统产业的价值链,创造新的增值空间而形成新的价值分配链条,促使其在价值链的纵向维度上增加文化附加值。[①] 另一方面,文化创意产业在走向区域空间集聚的过程中,因其扩散性特征而逐渐形成了区域的"经济马赛克"现象[②],极大地刺激了城市产业链的横向延伸。它不仅拓展了传统产业的发展空间,而且拉长了传统产业的生命周期,从而带动相关产业的发展,促使其在产业链的横向维度上无限延伸。

3.文化创意产业对城市文化气质具有强化与提升效应

文化创意产业同传统的文化产业类型一样,是文化性与产业化的统一。[③] 它在城市空间中的发展壮大,不仅可以产生强大的区域经济效益,而且还可以形成较大规模的文化传播效应。基于此,通过对城市文化创意产业的有效运作,在一定程度上有助于塑造城市良好的外在文化形象、营造城市浓厚的内在文化氛围,并在此基础上凝结成独一无二的城市精神文化内核。值得注意的是,在城市精神文化内核形成的过程中,通过文化创意产业潜移默化地渗透式影响,它会逐渐地内化到市民群体当中,可以使更多民众理解、接受以及追随城市的文化诉求,从而进一步提升城市的文化品位与文化气质。

(二)城市空间更新对文化创意产业的响应机理

新时期的城市空间更新进程为文化创意产业的进一步发展成熟提供了绝佳的机遇。刘易斯·芒福德曾提出"城市是文化的容器"的观点,也就是城市空间更新也可以为文化创意产业的发展提供一个良好的提升空间,为文化创意的产生、扩散以及商业化应用提供有效的孵化载体与交流平台。与此同时,一个城市拥有较为完善的城市文化空间格局,有利于提升全民对城市文化的认同感

---

① 参见傅才武、许启彤:《文化创意、产业融合和城市发展》,中国社会科学出版社2015年版,第77页。

② "经济马赛克"现象的核心就是在一个地区,围绕一种主导产业,形成原料、销售、科研、教育培训、文化、专业咨询、广告、商务中介等服务体系,这种产业丛群、企业集群的经济现象像一片马赛克镶嵌在土地上。据统计,美国绝大多数的新兴财富都是在"经济马赛克"分布的块状区域被创造出来的。20世纪90年代中期,美国380个产业集群创造了全美近60%的产出。参见李炎、王佳主编:《区域文化产业研究》,云南大学出版社2014年版,第27页。

③ 参见王广振、曹晋彰:《文化产业的多维分析》,《东岳论丛》2010年第11期。

与美誉度,极易形成文化创意要素集聚的产业"高地",从而形成强大的文化传播与辐射能力。[①] 这对于文化创意产业发展成熟所需的各种资源(如人才、企业、投资者等)具有强大的吸附能力。

文化创意产业与城市空间更新的互动模式如图 2-1 所示。

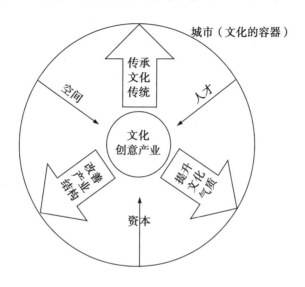

图 2-1　文化创意产业与城市空间更新的互动模式

综上所述,文化创意产业的发展顺应了新时期城市功能转换的趋势,城市空间再造的新浪潮也为文化创意产业的进一步发展提供了良好的空间。文化创意产业发展与城市空间更新之间的良性互动已经成为必然趋势。在当今的新形势下,探讨如何充分发挥文化创意产业的优势以推动当代城市空间的更新,具有深远的理论意义与实践意义。

## 二、城市特色民居文化空间复兴解读

### (一)城市文化空间复兴的概念界定

关于"城市复兴"的表述可以溯源至 20 世纪末,英国伦敦规划顾问委员会的利歇菲尔德(D.Lichfield)在《为了 90 年代的城市复兴》(*Urban Regeneration*

---

① 参见蒋莉莉:《文化产业融合发展路径研究》,东方出版中心 2016 年版,第 216 页。

*for 1900s*)中这样定义"城市复兴"：以全面和综合的理念和行为为导向来解决一系列城市问题，以寻求一个区域的经济、物质、社会和自然环境条件的持续改善和优化。① 其中，城市复兴的含义远远超出了对个别项目改造物质环境的初始目的，关注点逐渐转向整个城市的经济、社会和生活质量改善等范畴②，是以经济复兴为基础，以文化复兴为内涵，以空间复兴为表现，以社会复兴为提升，从而实现最终意义上的全面复兴。③ 此外，一些国外学者认为，城市复兴是指以综合和整合的视角，并通过行动引导对城市问题进行分析，寻求转型地区的持续增长的条件，其中包括经济、形态、社会和环境等方面的内容。这个定义不仅着重论述了城市复兴的过程和目标，同时也表明城市复兴是一个持续的长期过程。④

此外，城市复兴也并非简单意义上的城市更新（Urban Transformation），它与城市规划、城市更新的侧重点皆不同。城市规划（Urban Planning）侧重于政策层面上的指导意义，具体是指对城区发展的大尺度战略指导。城市更新（Urban Renewal）侧重于经济层面上的发展意义，具体是指对旧城区进行逐步的、小尺度的改造⑤，往往和经济增长紧密联系在一起。城市复兴（Urban Regeneration）侧重于社会层面上的文化意义，具体是指综合意义上的社会结构重构⑥，包含了文化振兴、空间再造、时代更新等多重意义。

本书语境下的城市文化空间复兴则是指从文化空间的理论维度，从"单一的空间重新开发再造"转向"对空间的文化价值、社会价值、经济价值等多层次的整体性价值考量"，以修复再生机制、复兴城市文化、振兴城市经济为终极目标，致力于构建一套具备全面性、系统性、实操性的多维城市价值复合转型策略，在生成独特城市文化空间的基础上，实现对城市文化与空间结构的整合与对接。其中，文化既是城市复兴的核心方式，也是城市更新的最终目标，这种双

---

① 参见吴晨：《城市复兴的理论探索》，《世界建筑》2002 年第 12 期。
② 参见王世福、张晓阳、费彦：《广州城市更新与空间创新实践及策略》，《规划师》2019 年第 20 期。
③ 参见姚子刚：《城市复兴的文化创意策略》，东南大学出版社 2016 年版，第 58 页。
④ 参见于立、张康生：《以文化为导向的英国城市复兴策略》，《国际城市规划》2007 年第 4 期。
⑤ 参见吴志强、李德华：《城市规划原理》，中国建筑工业出版社 2012 年版，第 651 页。
⑥ 参见钟凌艳：《文化视角下的当代城市复兴策略》，重庆大学硕士学位论文，2006 年，第 11 页。

重性注定了城市复兴策略的提出必须有更高、更严格的要求。[①] 此外,值得注意的是,与一般意义上的建设项目不同的是,城市复兴项目本身具有风险不确定性和系统复杂性[②],呈现出项目周期较长、利益关系复杂等特点。

### (二)城市特色民居复兴的内涵界定

"复",往来也;"兴",兴起也。"复兴"是指在历史上曾经辉煌的事物,在衰落一段时间后,由于某种原因再次兴盛起来。"复兴"一词在《牛津英语词典》中被译为"Regeneration",该词来源于生物学意义上的"再生"之意,指的是生物有机体坏损组织的恢复和再生。[③] "复兴"不是指对各个历史阶段进行原状的修复和还原,也不是"修旧如旧",更不是"复古"。它是在当下的文化语境中,将城市文化空间的历史底蕴和内涵机理进行重新表达,探索出适合城市发展的特色模式,真正实现传统文化的复兴。[④] 以"青岛里院"为代表的城市特色民居深度贴合"复兴"的基本内涵。

结合城市空间演进进程中的城市复兴特点以及"复兴"的词源意义,我们不难看出"复兴"具有全面性、系统性、实操性的基本特征。基于此,本书关于城市特色民居文化空间复兴的策略研究,同样应具备全面性、系统性、实操性的基本特征,应包含基础性的举措铺垫、关键性的方案设计、辅助性的支撑体系等框架搭建与关键布局,使得复兴策略具有一定程度的普适性借鉴意义。总而言之,从根本上讲,城市特色民居文化空间复兴的基本内涵在于以"文化"作为复兴的核心引擎,利用文化创意产业的基本逻辑与创新手段,深度挖掘城市特色民居的文化资源与空间功能,在构建再生机制的基础上实现"激活衰败空间、复兴文化氛围"的终极目标。

---

① 参见王婷婷、张京祥:《文化导向的城市复兴:一个批判性的视角》,《城市发展研究》2009 年第 6 期。

② 参见王长松、田昀、刘沛林:《国外文化规划、创意城市与城市复兴的比较研究——基于文献回顾》,《城市发展研究》2014 年第 5 期。

③ 参见朱力、孙莉:《英国城市复兴:概念、原则和可持续的战略导向方法》,《国际城市规划》2007 年第 4 期。

④ 参见和红星:《城市复兴在古城西安的崛起——谈西安"唐皇城"复兴规划》,《城市规划》2008 年第 2 期。

## 三、城市特色民居文化空间复兴逻辑

### （一）城市文化空间复兴的趋势

综观全球范围内的城市复兴历程，城市空间演进历程大致经历了三大历史阶段：大规模内城改造运动、历史文化遗产保护运动和城市全面复兴运动。整个演进历程由最初的大规模的物质环境更新，向更广泛意义上的社会改良和文化复兴转变。具体而言，欧美国家的城市文化空间更新规律大致呈现出以下特征：由拆除重建到综合改造再到分阶段、小规模的循序渐进式，由政府主导到市场导向再到多方参与，由物质环境更新到注重社会效益再到多目标导向。[①]

同样的，我国现代意义上的城市文化遗产保护也大致经历了以下三大历史阶段：以文物保护为核心的单一体系的形成阶段（1950～1982 年），文物保护和历史文化名城保护的双层体系的发展阶段（1982～1996 年），以历史文化保护区多层次保护体系为重心的成熟阶段（1996 年至今）。[②] 21 世纪以来的中国城市文化空间更新正在经历着以下三大维度的转变（见图 2-2）：第一，在时代背景方面，从增量扩张到存量优化的转变；第二，在更新内容方面，从单一的物质更新到多元的内容更新的转变；第三，在推进方式方面，从大规模推倒式无序重建到小规模渐进式有机更新的转变。

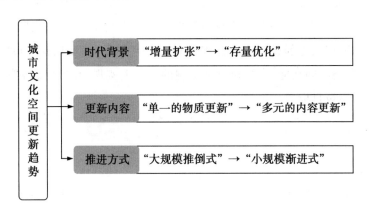

图 2-2　城市文化空间更新趋势

---

① 参见秦虹、苏鑫：《城市更新》，中信出版社 2018 年版，第 14～17 页。

② 参见王景慧、阮仪三、王林：《历史文化名城保护理论与规划》，同济大学出版社 1999 年版，第 43 页。

### （二）城市特色民居复兴的内在动因

城市特色民居作为城市文化空间的重要组成部分,在城市更迭的漫漫长河中发挥着不可替代的重要作用,并逐渐凝练成每一座城市的符号与印记。然而,在当前快速城镇化、规划趋利性、民居边缘化等诸多因素的冲击下,城市特色民居的昔日荣光不再,浓厚的文化氛围"被淡化",特色的生存空间"被挤压"。

所以,当前应在文化产业与城市更新的互动视角下,充分挖掘民居的"文化认同感"和"原生故事性",充分发挥民居"地域辨识度"和"区位优越性"等原生优势,复兴民居文化、更新民居空间,使其作为文化新地标、经济增长点,更好地融入现代城市发展浪潮,从而达到增强城市特色民居的"自我再生"能力的最终目的。在此意义上,可以实现城市特色民居作为城市细胞的"活血化瘀"功能,顺应城市的传统肌理,反哺街区的更新优化,从被动"输血"的依赖方转变为主动"造血"的供应方,增强自身可持续发展的内生动力,进一步助力城市的转型升级,形成良性的发展闭环。

## 本章小结

本章在统筹界定城市文化空间复兴概念的基础上,清晰界定了城市特色民居文化空间复兴的基本内涵,即以"文化"作为复兴的核心引擎,利用文化创意产业的基本逻辑与创新手段,深度挖掘城市特色民居的文化资源与空间功能,在构建再生机制的基础上实现"激活衰败空间、复兴文化氛围"的终极目标。

# 第三章　城市特色民居文化空间的时代审思

本章基于文化空间的理论研究视角,分别从"文化""空间""社会"多重研究维度,深度论述了城市特色民居文化空间复兴的时代必要性,并对其进行了深刻的时代审思,进一步强化了复兴策略的紧迫性与针对性。

## 一、文化维度:文化意义的淡化与反思

近些年来,中国城市规划的功利性与失序性,导致城市建筑风格日益趋同,特色建筑的个性逐渐模糊。伴随着时代潮流的不断冲击以及在国家战略层面上的话语缺位,里院文化空间载体日益减少;再加上亲历里院生活的老青岛人代际更迭逐渐加速,使得传统里院生活方式日渐远离当下人们的生活视野并日渐消逝。在此时代背景下,人们会逐渐丧失对特色民居建筑价值应有的文化自觉,从而进一步加速城市特色民居在文化记忆层面的淡化与消逝。

## 二、空间维度:空间秩序的割裂与消逝

### (一)场所意义:文化空间的载体基质与场所意义

米歇尔·福柯(Michel Foucault)曾说:"当下这个时代基本上是属于'空间'的时代。"[①]阿尔多·罗西(Aldo Rossi)也曾指出:"作为人类建造的建筑场地,这些空间具有普遍的场所和记忆价值。"[②]正是由于这些建筑的存在以及所

---

① 转引自张颐武:《全球化与中国电影的转型》,中国人民大学出版社 2006 年版,第 57 页。
② 转引自张松:《城市笔记》,东方出版中心 2018 年版,第 189 页。

保留下来的历史空间,才使得这个环境的灵魂以及这一段历史变得不容置疑。[①]在此意义上讲,对一个城市的符号记忆与文化感受,往往与活动的场所空间联系紧密。[②] 这些有形的物质空间承载了孵化城市文化的场所意义和空间功能,有利于增强人们对这个场所的文化认同感以及特殊符号记忆。

所以,我们只有将城市文化遗产视为一种承载着精神文化的重要空间载体,而非牟取某种利益的辅助工具,我们才会从根本上将其"奉若神明"。然而遗憾的是,一些城市文化遗产的空间载体基质与场所意义并没有得到有关部门的高度重视以及学术界的广泛关注,从而导致部分城市规划缺乏"立足点",一些学术文章缺乏"空间感"。正如刘易斯·芒福德的著名论断"城市是文化的容器",青岛里院的外在建筑空间同样也是孕育里院文化的重要场所。为了更好地传承发展里院文化,完好地留存、激活、复兴青岛里院的物理生存空间是极为重要的环节。此外,值得注意的是,在兼顾空间的文化属性和文化的空间属性的同时,还应尽量避免"唯载体功能化"的误区,即仅仅将建筑物看作承载各种功能的抽象容器。[③]

### (二)割裂现状:特色民居的空间失序与肌理割裂

然而遗憾的是,学者仇保兴曾指出:"1800 年至今,从历史城镇到现代都市,在建筑类型上最根本变化在于孤立式建筑逐步取代了院落式建筑。"[④]这一更替趋势导致城市空间在垂直维度上"野蛮生长",大批量的现代建筑在规模上盲目追求高容积率,而不惜牺牲城市传统的街区尺度和景观轮廓线。[⑤] 在这场资本博弈与空间巨变中,与一些规模宏大、意蕴厚重的主流文化遗产不同的是,大部分在地性基层文化遗产所"寄生"的文化空间总是被"选择性"压缩,导致其与所属的物化载体完全剥离,生存场域也在不断地恶化甚至消逝。原本连续的、成片的、均质的城市特色民居肌理,也被现代意义上的高楼大厦和快速交通挤占,城市文化的空间秩序被强制性扰乱甚至割裂。

一个有意思的现象也同样揭露了空间秩序维系的重要性与紧迫性。一旦

① 参见冯骥才:《天津小洋楼的价值》,《文苑》2011 年第 3 期。

② 参见王承旭:《城市文化的空间解读》,《规划师》2006 年第 4 期。

③ 参见李若兰:《以文化为导向的城市复兴策略研究》,中南大学硕士学位论文,2009 年,第 58 页。

④ 转引自王晓义:《城市科学与未来城市》,中国社会科学出版社 2016 年版,第 97 页。

⑤ 参见单霁翔:《留住城市文化的"根"与"魂"——中国文化遗产保护的探索与实践》,科学出版社 2010 年版,第 50 页。

下雪，"西安"便变回到了"长安"，"故宫"也变回到了"紫禁城"原来的模样，都是因为模糊了"传统"与"现代"之间的界限，现代意义上的建筑轮廓被模糊，传统意义上的文化氛围被放大。值得注意的是，与这些一般意义上的城市文化空间相比，城市特色民居文化空间具有强烈的群落依附性，更急需与有形的外部环境以及无形的历史文脉保持积极的呼应。但是在城镇化进程中，除了遭到横向空间的暴力性压缩之外，其在纵向空间的城市天际线也在不断地被打破，导致传统城市景观的文化生态逐渐恶化。在这一方面，可以借鉴苏州老城区成熟的城市景观管控机制——凡是有园林布局的老城区域，在城市横向街区肌理、纵向通视走廊等方面都保持着严格管控，在园林的可视范围内一律不允许有现代高空建筑"乱入"，很好地维系了园林应有的清幽的文化氛围。

### 三、社会维度：社会主体的缺位与连接

#### （一）主体缺位：治理体系桎梏与固化运营思维

文化意义淡化反映出社会维度上的城市治理体系中社会主体的参与不足甚至是缺位。长期以来，以地方政府部门为代表的顶层设计主体，始终掌握着城市治理体系的绝对话语权、占据着城市治理的战略高地，却与治理基层一直存在着一定的"沟通距离"，无法有效获得其他参与主体的真实诉求与即时反馈。这种自上而下的传统治理思维以及上行下效的固化治理模式，导致了当前以企业、民众、社会组织为代表的社会主体缺乏应有的培植土壤与孵化环境，这种治理体系的传统藩篱与惯性思维亟待被打破。

值得注意的是，社会主体的缺位与参与不足不仅仅体现在城市治理的基础环节中，在城市系统复兴阶段同样也存在着年轻人参与不足等关系连接困境。与青岛近年来打造"开放、现代、活力、时尚之城"的新时代政策号召相呼应，激活老城复兴的关键触点在于新一代年轻人的高度关注与深度参与，只有伴随着朝气蓬勃的新鲜血液的不断融入，老城僵化已久的空间肌理才有望得以重获新生。那么，如何才能有效地吸引年轻人参与到老城的复兴进程中，增强与时代连接的深度与广度呢？打破老城长期以来固化单一的运营思维，增强与时代沟通的魄力是极为重要的环节。基于此，在城市特色民居的系统复兴阶段，改变以传统居住功能为主的单一运营思维，主动拥抱时代潮流、及时抓住时代机遇、持续更新时代功能，是保障社会主体参与度的关键步骤。

## (二)关系连接:参与机制搭建与时代功能连接

针对城市治理环节中存在的社会主体缺位困境,以"居民"为核心参与主体的城市特色民居文化空间在复兴进程中应尤其注重打破传统治理体系桎梏,构建良性的协作共建机制。在具体的实施过程中,应针对不同的主体搭建个性化、定制化的系统参与机制,以提升相关政策的执行效率,从而有效加深各大社会主体的参与程度。比如,注重为居民参与主体铺设在地诉求的表达渠道,确立复兴进程的全程跟进参与机制,保障居民在每一个环节的有效发声与积极参与;注重为企业和社会组织等参与主体搭建沟通平台,聚合资源、简化程序,提供政策咨询、信息投放、宣传运营等一站式服务,保障其真正地参与到城市特色民居的复兴进程中。

在打破治理体系桎梏的基础上,还应在城市系统复兴环节搭建与时代的沟通渠道和连接桥梁,破除老城逐渐与时代断层、年轻人参与不足的困境。具体而言,应积极响应青岛关于"打造时尚之都"的政策性时代号召,注意创造引领当代年轻人的消费热点,积极引进新型创意类业态,满足年轻人追求新鲜事物、打卡猎奇、情感共鸣等新潮消费需求,以吸引、释放年轻消费群体的强大消费潜力,让城市特色民居复兴项目真正成为一座城市的"青年文化引力场"。除此之外,还应注重在地居民的关系维系问题,通过打造人性化的街区尺度空间以及"邻里中心"商业综合体,为其提供全方位生活服务,从而进一步提升居民的生活品质、维系社区和睦的邻里关系。

## 本章小结

综上所述,城市特色民居一直处于"被遗忘的角落",长期以来其地位与价值一直没有得到很好的认可与表达,导致其面临着"文化意义淡化、空间秩序割裂、社会主体缺位"的困境。

在此背景下,应注重兼顾城市民居文化空间的文化意义、空间意义与社会意义,避免"注重文化挖掘提炼,忽视空间景观修复""过度注重空间美学,忽视民居文脉传承""注重顶层主导规划,忽视社会主体参与"等误区。在此基础上,借助文化创意产业的基本逻辑,存量优化僵化闲置的特色民居空间,在文化层面上开启地位重塑与文化自觉的联动复兴,在空间层面上注重空间修复与秩序管控的"双管齐下"，在社会层面上注重机制搭建与时代连接的双重推动。如此，在某种程度上才可以有效地遏制当今城市在文化维度上的被动式淡化趋势、在空间维度上的暴力型扩张趋势、在社会维度上的缺位式僵化发展。

# 第四章　青岛里院民居文化空间的时空特征

城市特色民居往往同时具有城市地域属性和独特的时空特征,青岛里院特色民居亦不例外。本章主要从基本特征和时代困境两大层面,详细论述青岛里院民居在"历史时空"和"当代时空"的基本特征,以明确里院民居区别于其他民居的特殊性,进一步增强复兴策略的实操性与落地性。

## 一、青岛里院民居文化空间的基本特征

本部分从青岛里院自身特殊性出发,分别从历史背景、空间布局、文化内涵三大层面具体论述青岛里院民居文化空间的历史时空特征。

### (一)历史背景与地理环境

#### 1.历史背景:殖民统治历史

1891年,清政府为了战略考虑选择在"胶澳"设防,青岛从此开始形成正式的行政建置。1897年,德国以"巨野教案"为由强行占据了"胶澳",并且逼迫清政府与其签订了《胶澳租借条约》,从此德国在青岛开始了约17年的殖民统治。[1]青岛的城市格局便在德占时期早期规划的基础上不断延展,同时又借鉴吸收了上海和香港等本土城市的建设经验。在这一过程中,青岛以居住为主要功能的建筑类型除了"独立式"私人别墅住宅之外,还衍生出了一种中西融合的"聚居式"里院住宅样式。[2]

---

① 参见青岛市市南区政协编:《里院·青岛平民生态样本》,青岛出版社2008年版,第237~238页。

② 参见徐攀登:《青岛近代历史居住建筑保护和再利用研究》,青岛理工大学硕士学位论文,2017年,第3页。

1900年，德国人开始在青岛实行分区制度，在《德属之境分为内外两界章程》中便明确提出了"华洋分区"策略。青岛的原住居民被迫从南部的沿海地带北迁至现在的大鲍岛区域。伴随着华人区人口密度的极速增长以及华人经商的强烈需求，在有限的规划空间内"商住一体"的集聚性住宅形式——里院诞生了。由此可见，青岛里院的诞生完全依附于其殖民规划历史与现实诉求，它形成和发展的决定性因素来源于城市发展壮大的商业诉求以及青岛绝大多数居民的生存需求。[①]

2.地理环境：*海滨丘陵地貌*

自古以来，中国特色民居便具有顺应自然、就地取材的生态精神。在建筑建造过程中，使用纯天然、在地性的建筑原材料，不仅可以反映出该地域独特的地理自然特征，而且可以在很大程度上满足人们返璞归真、回归自然、天人合一的心理诉求。[②] 诞生于青岛的里院也展现出了"顺势而建、就地取材"的生态精神。一方面，青岛造型各异的里院大多依山势而建，呈现出不规则的多边形空间形态。由于地势高差变化，通常会设置石材台阶。另一方面，滨海山城的石料丰富，在山脉浅层表面即可获得，所以里院墙体基础以及立面装饰使用了在地性原材料花岗石（见图4-1）。[③] 所以，青岛独特的海滨丘陵地貌、复杂的地势高差以及殖民时期不规则的路网规划，共同形成了"千院千面"的里院建筑群落。[④]

图4-1　里院外墙石料纹理

---

① 参见青岛市市南区政协编：《里院·青岛平民生态样本》，青岛出版社2008年版，第246页。

② 参见蔡镇钰：《中国民居的生态精神》，《建筑学报》1999年第7期。

③ 参见马晓菡：《青岛"里文化"场所精神的文脉延续探索》，中国城市规划学会编《共享与品质——2018中国城市规划年会论文集》，中国建筑工业出版社2018年版，第628～640页。

④ 参见崔博娟、邓夏、白林：《基于里院价值的"微改造"模式复兴探讨》，《重庆建筑》2019年第9期。

### (二)空间特征与建筑功能

#### 1.空间特征:中西折中式

在殖民历史背景下,青岛是一个拥有中国城市语境和西方城市思潮双重结构的共生体系。在此意义上,青岛的"里院"不同于北京中式传统的"四合院",它具有中式传统院落形态与西方街区空间布局的双重基因。[①] 所以,1922年出版发行的《青岛概要》中,里院被定义为"华洋折中式"建筑。它巧妙地兼容了中式传统四合院和西式住宅(Town House)的双重特点,外立面与内院立面呈现出中国近代民居建材与西式构造法则相结合的中西合璧形象,主要由"半封闭的露天院落空间"和"围合型的外部经营空间"组成(见图4-2),是以围合作为基本形态的集聚性合院式住宅样式。

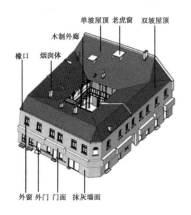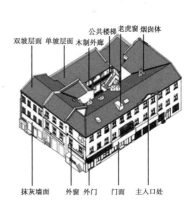

图 4-2　里院三维立体建筑模型[②]

在平面空间组织形式上,一方面,里院大多继承了中国传统四合院式的布局,沿轴线对称而建。另一方面,在西方格网式规划[③]思想的影响下,为了最大限度地提升空间利用率,里院的建设大都受制于街区的大致格局与基本走向,非传统式的不规则多边形街区格局逐渐出现,类型大致分为"口""日""目""凸"

---

"回"等多种类型，被总称为"回廊式"空间模式。从空间俯视角度观察，由青岛里院组合形成的城市肌理，在拥有中式四合院传统布局的同时，在总体的平面布局上又酷似布拉格等西方城市（见图4-3）。

图4-3　青岛城市肌理与布拉格城市肌理对比①

### 2.建筑功能：商住复合型

里院，顾名思义，是由"里"与"院"共同构成，是两种建筑形式相似但功能不同的建筑样式。其中，"里"最初是为商业功能设计的，具有货物交易的功能，人们在街道店面谈妥相关交易事项之后，紧接着会到后面的天井或庭院中查看货物样品；而"院"则更加强调居住功能。②在此基础上，便逐渐演变成了"沿街经商、内部居住"的商住复合型功能布局。

在空间结构方面，里院是四周围合而成的院落，门洞将街道与内庭院连接起来，初期多为2～3层纯木架构，后期也有4～5层砖混架构。一般情况下，第一层大多为经商功能，二层以上大多为居住功能。里院院落内侧一般设置公共楼梯，并设有单跑或双跑楼梯，通向各外廊走台，方便内院日常生活起居。如海泊路与胶州路孟鸿升里院院落（海泊路37号），建筑为2～3层，沿街里院底层作为商业，内部一层多布局卧室、厨房、仓库、卫生间等用房，二层及以上通常作为居室。此外，里院内部的房间大部分为"里外屋"的双房套间形制，大多有两

---

① 图片来源：王泽杰摄，选自《春——大鲍岛兴亡三部曲特展》。
② 参见青岛市市南区政协编：《里院·青岛平民生态样本》，青岛出版社2008年版，第239页。

个窗户和一个房门；单间的面积较小，大多为 10～15 平方米[①]，部分房顶设有烟囱体、老虎窗等。

### （三）文化性格与集体记忆

#### 1.文化性格：开放包容性

学者奥斯瓦尔德·斯宾格勒（Oswald Spengler）曾在其著作《西方的没落》中提及："人类所有的伟大文化，都是由城市产生的。"[②]从这个意义上来讲，城市是一个具有独特"性格"的生命有机体，文化使得这一有机体的时空价值得到彰显。[③] 其中，每一个地域都会有一个极具代表意义的场所空间，该空间集中彰显着它们独一无二的文化性格，比如北京的胡同、上海的里弄、成都的茶馆等，这些场所承载着这个"小江湖"的情感寄托与群体认同，也是一个地域专属的文化空间和精神意义上的"庇护所"。相较于其他类型的城市空间，由于"人"广泛且深刻的参与性，特色民居文化空间具有更加鲜明的社会属性。

正如梁思成先生所说，里院是融合东西方多元文化观念于一身的建筑文化巨制，这种特质使其逐渐诞生了与其他城市不一样的精神品质和文化性格。西方开放式街区与中国封闭式街区概念的集合，形成了里院半封闭式的街区复合空间，这种中西融合的生长基因使得里院文化拥有独特的兼容性，可兼容、可参与、可共享。余秋雨先生曾指出："从石库门的建筑结构上看，上海人不讲究气派，反而讲究实用的文化性格。"[④]那么，里院作为集中展现青岛最日常生活状态的建筑空间，通过其"中西结合"与"商住一体"的建筑结构形态，也对外展现出了青岛极具生命力的、发自内里的开放包容的海派文化性格。

#### 2.集体记忆：市井在地性

19 世纪，美国著名哲学家爱默生（Emerson）曾说，城市是靠记忆而存在

---

① 参见王天然：《基于建筑保护的青岛广兴里里院空间重构》，《小城镇建设》2013 年第 10 期。

② ［德］奥斯瓦尔德·斯宾格勒：《西方的没落》，吴琼译，上海三联书店 2006 年版，第 99 页。

③ 参见房勇、王广振：《智慧城市建设：中外模式比较与文化产业创生逻辑》，《河南师范大学学报》（哲学社会科学版）2017 年第 6 期。

④ 转引自李萌、徐慧霞：《论城市传统民居的旅游开发——以上海石库门为例》，《学术交流》2007 年第 10 期。

的。① 所以说，除了青岛里院向受众展现的外在开放包容性的文化性格之外，里院居民和老青岛人心中同样也扎根着一种"市井在地性"的集体记忆。正如莫里斯·哈布瓦赫（Maurice Halbwachs）所言，集体记忆是指为一个特定社会群体的成员共享往事的过程和结果，是附着于物质现实之上的群体共享的东西。② 这种以"集体记忆"为代表的持久性发展要素，集中体现在城市的历史性的建筑和住宅街区中，这些历史性特色建筑既是建筑文化的基础载体，更是该建筑所处社会观念的物化表达。基于此，城市特色民居作为市井文化和在地生态的集体记忆载体，是城市文化最在地性、最具烟火气的表达，具有彰显地域性格、增强文化认同的多重功能。

具体而言，以青岛里院为例，它与北京的四合院、上海的弄堂、福建的土楼的文化地位一样，其本身对于青岛人来说是一种最特别的存在，是阐释城市市井记忆的绝佳载体。里院作为旧青岛中下层居民最普及的民居样式，是青岛人生活方式的在地性物化表达，彰显着平民文化、市井文化的原生价值。这种充满烟火气的市井属性背后，实质上是来源于社会群体的情感链接与认知共鸣，是老青岛人骨子里认可的情感寄托。比如，早在 1935 年，《青岛市政府市政公报》曾颁布 28 条里院公共遵守条规③，正是这种共同享有的规则认同意识将老青岛人紧紧凝聚在一起。那么，从群体认同与集体记忆的层面上讲，城市文化空间复兴可以看作一种复兴集体记忆、重塑文化氛围的过程，是为了更好地留存地域性的风土文化和精神信仰。

综上所述，里院诞生于殖民历史背景和海滨丘陵地貌中，在这样的历史地理背景下，它的空间特征与文化性格存在着一定的内在统一性（见图 4-4）。一方面，中西折中式的空间特征彰显着其外在的文化性格——开放包容性；另一方面，商住复合型的建筑功能也彰显着其内在的集体记忆——市井在地性。

---

① 参见苏秉公主编：《城市的复活：全球范围内旧城区的更新与再生》，文汇出版社 2011 年版，序言。

② 参见李凡、朱竑、黄维：《从地理学视角看城市历史文化景观集体记忆的研究》，《人文地理》2010年第 4 期。

③ 参见《青岛市政府市政公报》，1935 年第 70 期。

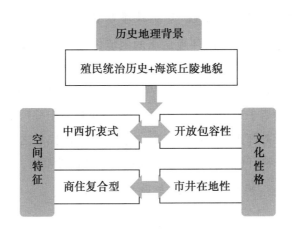

图 4-4　里院的空间特征与文化性格

## 二、青岛里院民居文化空间的时代困境

城市复兴项目具有较高的风险性和过程不确定性[①]，再加上青岛里院自身的特殊性，直接导致了城市复兴项目在文化、空间等宏观层面以及规划、组织、融资等微观层面均面临时代困境。

### (一)宏观层面:文化氛围消逝与空间布局分散

#### 1.文化环境:文化氛围消逝,居民认知淡化

近些年来,伴随着青岛市政府以及社会层面关于里院保护意识的逐步增强,以抢救性保护为目的的里院征收进程也逐步开展。在这一进程中,为了加强保障性止损,大量的居民被"一刀切"地腾退出原居所,原生态的里院群居生活方式逐渐从现代生活中"剥离"出来。那些亲历过里院生活、感知过最传统生活方式的老青岛人群体人数正在减少。此外,在里院的征收进程中,大部分里院因年久失修存在安全隐患、无经费支撑后期运营等问题选择暂时性关闭,新一代年轻人对里院的感知只能停留在书本的文字之间,他们很少有机会可以走进那些破败僵化的院落,身临其境感受地地道道的里院文化。以上诸多因素,导致里院民居文化空间面临着"文化氛围消逝,居民认知淡化"的时代困境。

---

①　参见王长松、田昀、刘沛林:《国外文化规划、创意城市与城市复兴的比较研究——基于文献回顾》,《城市发展研究》2014 年第 5 期。

2.空间环境：空间布局分散，景观秩序割裂

青岛里院特色民居在空间环境层面的困境体现在空间布局的片段零散性上，其大多呈现出"孤岛式"散落分布的基本状态。在城镇化进程逐步加快的前期，现代高层建筑不断"入侵"，使得原有的传统空间布局形态被生硬割裂，里院民居"碎片式"地散落于现代化的高楼之间，片段化现象十分严重。从里院向外看的通视走廊以及外部天际线参差不齐，被隔开的里院民居之间也难以形成呼应与互补，极度缺乏空间依存环境，景观秩序也被强制性割裂。

**(二)微观层面：规划管理欠缺与融资运营困难**

1.规划环境：规划偏重功利主义，缺乏个体实操方案

从早期城市规划的历史遗留问题来看，由于规划仅局限于历史现实需要，缺乏足够的时代前瞻性，侧重于网格式的高密度建设方式，忽略了人性化的居住品质，导致青岛历史街区呈现出"功利主义倾向明显，缺乏人性尺度考量"的历史遗留特征。具体而言，早期的城市规划缺少必要的"留白"规划，城市韧性较差，不够灵活。此外，还缺少足够的绿化景观规划，也未考虑到汽车通行以及停靠规划。以上诸多因素导致里院特色民居周边的公共空间、绿化空间、街道空间、停车空间等空间形态严重不足或过于狭小。

当前的青岛城市规划则过于侧重宏观战略层面的顶层设计，缺乏社会各主体的具体参与路径。随着青岛城市发展问题频出，宏观性战略政策相继出台，然而却缺少极具针对性的具体规划。比如《青岛市城市总体规划(2011～2020)》明确指出打造山、海、岛、城融为一体的风貌格局；在历史文化街区的总体打造上，青岛市市北区也提出了"实施'个十百千万'工程，打造'记忆市北'品牌"等战略性指导意见。但是，具体到每一条街巷、每一座建筑如何开发时，却缺少有针对性的实操方案，从而导致保护不到位、开发不充分等问题。

2.组织环境：管理机制不够完善，缺乏常驻在地组织

当前青岛城市更新管理机制不够完善，缺乏统筹反馈机制，亟待搭建高效的对接平台与沟通渠道。一方面，青岛里院在行政区划上呈现出各区散落分布的基本现状，再加上缺乏专业的统筹协调平台，导致各区之间各自为政、相互独立，无法形成有效的优势互补与统筹合力，大量分散的文化创造力无法聚合形

成规模效应。另一方面,传统的自上而下的管理决策模式使得街区更新的责任机制不够明晰,各级部门的政策执行效率低下,导致基层反馈渠道不畅通、居民参与率低下、民居街区更新停滞等恶性循环。

值得注意的是,虽然近年来青岛已经与山东大学合作成立了高校智库研究机构"山东大学城市文化研究院(青岛)",成功举办了首届"城市文化·青岛论坛",有着良好的产、学、研多主体对接背景,然而这些专业组织与街区本身依然存在距离,处于间接参与的战略领导层面。在实操层面上,亟须建立专业的常驻在地组织,加强与在地居民的沟通交流,直接深入街区更新项目中,参与到策划、管理、运营每一个关键环节,确保每一个特色民居复兴项目的专业性、在地性、实操性。

3.融资环境:初期融资招商困难,盈利运营模式单一

城市复兴项目是一项长期复杂的系统工程,仅依赖政府财政资金扶持,无法实现长期有效支撑,亟须拓宽社会融资渠道。以青岛里院复兴为例,在产权回收、居民腾退的过程中,由于产权回收成本较高,消耗了大量的财政资本,因此无法单独支撑后期的开发运营环节,亟须吸引社会资本的投资。然而,当前大部分投资商侧重于投资变现快、收益率高的大体量城市更新项目,青岛里院"孤岛式"的空间分布不具备相对优势,这些因素直接导致青岛里院"初期融资招商困难、短期规模效益无法兑现"的项目启动困境。

除此之外,青岛里院特色民居还面临着"盈利运营模式僵化,空间利用方式单一"的空间僵化困境。青岛里院特色民居日渐僵化的原因在于,没有以当今的话语体系去重新表达民居意蕴。在当今时代,城市文化空间运营的本质在于如何以现代的沟通方式讲好极具地域色彩的文化故事,如此方能更好地吸引受众的停留与关注,从而与当代受众产生深层次的互动与共鸣。基于此,在里院复兴的过程中,亟须扭转传统的"保障性止损"的复兴逻辑,融入文化创意产业的逻辑与手段,注重丰富盈利运营模式。

## 本章小结

综上所述,青岛里院民居文化空间具有以下基本特征:从历史背景的角度来说,里院诞生于具有殖民历史背景的海滨丘陵地貌的岛城青岛。从空间布局的角度来说,青岛里院属于合院式住宅类型,具有"中西折中式、商住复合型"

的特征。从文化内涵的角度来说，青岛里院属于在地性的市井文化，具有"开放包容性、市井在地性"的特征。除此之外，青岛里院民居文化空间复兴还面临着宏观层面"文化氛围消逝，居民认知淡化""空间布局分散，景观秩序割裂"的时代困境，以及微观层面"规划偏重功利主义，缺乏单体实操方案""管理机制不够完善，缺乏常驻在地组织""初期融资招商困难，盈利运营模式单一"等时代困境。

# 第五章　城市特色民居文化空间
# 复兴的基本原则

　　鉴于城市复兴项目的风险性以及系统复杂性,在深入探讨具体的城市特色民居文化空间复兴策略之前,应首先明确遵循的一系列基本原则(见图 5-1)。

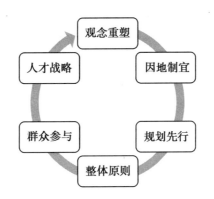

图 5-1　城市特色民居文化空间复兴六大原则

## 一、观念重塑

　　基于文化创意产业的视角来探讨城市空间复兴的相关问题,必然要转变传统的"重经济、轻文化"的城市规划与管理思维方式。首先,城市空间设计应当表达出对文化最基本的尊重。其次,文化建设不再是城市建设的边缘性问题。比如,应将文化设施的建设视为城市必备的基础设施并纳入整个城市空间的复兴过程中,打破只有交通、邮电等才可以称为"基础设施"的传统观念。唯此,才能将文化创意产业的理念内化到城市生活的各个方面。

## 二、因地制宜

一个城市的文化生态系统对于城市文化的发展而言至关重要,城市空间复兴的最关键依据在于其在地文化的人文根植性,任何一种经济概念如果剥离了它的文化基础,都不可能得到透彻的分析与思考。[①] 所以,在城市空间复兴过程中,一方面,要考虑各项再造举措与城市功能适应性的对接;另一方面,应明确城市空间复兴的文化基因与战略定位,在对城市空间形态进行全方位的文化考量的基础上,以城市的文化遗产与产业传统为依托,对其进行现代意义上的文化重塑,使其焕发出新的生机与活力。

## 三、规划先行

加强城市文化发展的顶层设计,杜绝城市空间建设的无序性。首先,建立健全专门的城市更新机构,并将文化建设作为一个关键环节纳入城市整体的发展规划中。将与城市文化相关的规划纳入城市整体规划中,而不再将其视为辅助类的规划。其次,无论制定哪种级别、哪种类型的城市规划,都应具备长远的战略眼光,对城市在未来几年甚至是几十年的发展有一个科学预见。各个规划之间也应互相协调、相辅相成,切忌出现规划与规划之间互相矛盾的现象。最后,应注意加强前期规划的执行力度,逐步构建起规划的动态评估机制与后期反馈机制。

## 四、整体原则

《雅典宪章》中曾提到:城市应该根据它整个的区域经济条件来研究,所以必须以一个经济单位的区域规划,来替代现在孤立的、单独的城市规划。[②] 在城市空间的复兴过程中,首先,应注重保持城市文化空间的连续性和城市色彩分区的协调性,切忌割裂城市文脉、破坏城市形象。其次,城市空间复兴的全程都应立足于整座城市及民众的利益,而不是以个体利益为终极目标。最后,应在各个部门之间建立起沟通协调机制,实行统筹一体化的整体战略。

---

① 参见[法]弗朗索瓦·佩鲁:《新发展观》,张宁、丰子义译,华夏出版社1987年版,第165～166页。
② 参见沈福煦:《城市文化论纲》,上海锦绣文章出版社2012年版,第288页。

## 五、群众参与

刘易斯·芒福德在其著作《城市发展史——起源、演变和前景》中提出了"城市最好的经济模式是关怀人和陶冶人"的观点。[①] 2007 年发布的《城市文化北京宣言》所达成的五大共识也提到了"城市的发展应充分反映普通市民的利益诉求"[②]。所以,群众应对自己生存的城市空间有一定的发言权,并且可以参与到具体的城市规划建设当中,及时地给予民主性的反馈。如此一来,不仅可以增强城市规划设计的合理性与民主性,而且还可以增强民众对城市文化建设的积极性与责任感,加深对乡土的热爱之情。

## 六、人才战略

积极加强人才战略的贯彻实施,建立健全人才的引进与培养机制。一方面,积极引进既熟知城市规划学等相关知识,同时又具备文化创意产业运营管理能力的复合型人才;另一方面,在政府的相关部门定期开展培训活动,综合提升从业人员的文化素养,拓展从业人员的文化视野,以达到用文化意识来指导城市管理的目的。此外,城市管理阶层文化素养方面的培养须重视起来,因为他们在城市空间复兴过程中担任着重要角色,掌控着整座城市的"美学尺度"。

## 本章小结

综上所述,在深入探讨具体的城市特色民居文化空间复兴策略之前,应首先遵循观念重塑、因地制宜、规划先行、整体原则、群众参与和人才战略六大基本原则,以保障复兴项目的顺利开展与有序进行。

---

① 参见[美]刘易斯·芒福德:《城市发展史——起源、演变和前景》,宋俊玲、倪文彦译,中国建筑工业出版社 2005 年版,第 586 页。

② 2007 年发布的《城市文化北京宣言》中所达成的五大共识有:第一,新世纪的城市文化应该反映生态文明的特征;第二,城市发展要充分反映普通市民的利益诉求;第三,文化建设是城市发展的重要内涵;第四,城市规划和建设要强化城市的个性特色;第五,城市文化建设担当着继承传统与开拓创新的重任。

# 第六章 城市特色民居文化空间 复兴的系统策略

在文化创意产业的研究视阈下,城市特色民居文化空间复兴必须具有全时代视野和全局性布局,着眼于时代基点与受众偏好。为了实现文化空间复兴策略的全面性、系统性、实操性,根据复兴策略的重要程度以及基本功能的不同,本章从基础层、关键层、外围层三大层面,以青岛里院为例,具体论述城市特色民居文化空间的复兴策略(见图 6-1)。

根据每一层的特殊性,从文化、空间、社会三大维度具体展开论述。具体而言,在基础层,从文化引领、空间整治、规划治理方面,具体论述了城市特色民居文化空间复兴的重要前置举措。在关键层,从文化复兴、空间再造、功能置换方面,核心论述了城市特色民居文化空间复兴的系统复兴方案。在外围层,从文化运营、空间拓展、商业融资方面,具体论述了城市特色民居文化空间复兴的运作支撑体系(见图 6-2)。

图 6-1 城市特色民居文化空间复兴策略层级示意图

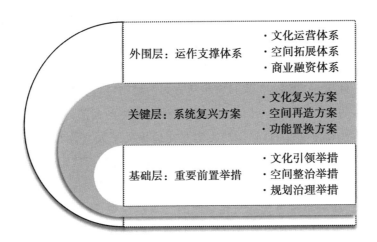

图 6-2 城市特色民居文化空间复兴策略结构示意图

## 一、基础层：重要前置举措

在城市特色民居文化空间复兴过程中，应在系统复兴方案实施之前率先开展前置性基础举措。具体而言，在文化引领层面，注重氛围营造，唤醒受众的文化自觉；在空间整治层面，注重景观维系、风貌统一，修复城市街区的空间秩序；在规划治理层面，注重规划引领、公众参与，重振特色民居的治理地位（见图6-3）。

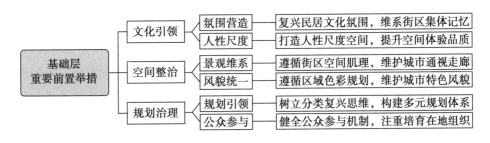

图 6-3 基础层：重要前置举措

### （一）文化引领：氛围营造，人性尺度

**1.复兴民居文化氛围，维系街区集体记忆**

文化与城市是循环增值的共生关系，而不应将文化视为城市发展的装饰

品。正如马尔科姆·迈尔斯(Malcolm Miles)在《城市与文化》(*Cities and Cultures*)一书中所论述的："城市生产文化,而文化反过来又再生产城市,这是一种历史的共生关系。"①在此意义上,文化既是城市发展的原始机制,同时也是城市发展的最终目的。② 那么,汇聚日常生活方式的城市特色民居更是个人情感、社会情感滋生的主要场域。③ 然而,城市化进程中催生的大部分新式住宅,在实现物理的舒适性和便利性的同时,却实实在在地损失了人文性和社会性。④ 部分更新项目在保护外在物理空间的时候,往往忽略对内在街区记忆的维系,"一刀切"全部迁离原住民,导致原有街区空间趋于"僵化"状态。

基于此,在城市特色民居文化空间的复兴过程中,除了外在建筑实体的修复之外,还应重视街区空间氛围的营造,这是"活化"城市文化遗产的关键环节。在此意义上,我们亟待更新、重建、复兴的,不仅仅是冷冰冰的砖块世界,更重要的是复兴城市最接地气的人文气息,即注重复兴特色民居的文化氛围、唤醒受众的文化自觉、维系历史街区的集体记忆、创造和维护地域独有的人文社会空间。比如,在青岛里院文化空间的复兴过程中,应尽量避免将全部原住民迁离,可以通过升级改善民居基础设施,有选择地保留民居的原始居住功能,有意识地留下一部分原住民,以维系街区记忆、"活化"社区活力。

2.打造人性尺度空间,提升空间体验品质

"人"是"空间"成为"地方"的关键内核。文化在世界任何空间的表达和传播,都是通过"人"这个主体或媒介来实现的。任何社会生活的逻辑和规则都不会自行空转,倘若没有"人"加以"叙述转化"和"解释重置",文化也便无法得到传承和延续。⑤ 在此意义上,城市复兴不只是城市本身的结构和功能的更新,还在于"人"与"城市"关系的更新。其中,在人与城市的长期互动发展中逐渐形成的城市特色民居文化空间,就集中体现了"人"与"城市"之间的互动关系。所以,城市特色民居文化空间应更加注重打造人性化尺度空间,注重维系人们的

① 参见王淑娇、李建盛:《城市历史空间再利用与城市文化空间生产——以成都宽窄巷子为例》,《中华文化论坛》2018年第1期。

② 参见[美]刘易斯·芒福德:《城市文化》,宋俊岭等译,中国建筑工业出版社2009年版,第125页。

③ 参见韩若冰:《非物质文化遗产的活化、传承与创新——以"情动机制"为视角》,《民俗研究》2019年第6期。

④ 参见苏秉公主编:《城市的复活:全球范围内旧城区的更新与再生》,文汇出版社2011年版,第73页。

⑤ 参见渠敬东:《迈向社会全体的个案研究》,《社会》2019年第1期。

历史记忆和情感触点,让空间不再"冷漠",最大限度地减少受众对更新场地的疏离感。

当今,想要复兴城市特色民居文化空间,必然要从"人"出发,从"人心"出发。以"人"能感受到的尺度,打造城市特色民居文化空间,复兴人与人连接的情感与温度,积极回应个体与社会发展关系的思考。以青岛里院为例,在交通基础设施更新的过程中,应注重打造小街坊慢行尺度。一方面,围绕里院的核心居住功能,构建"人车分流、动静分离"的人性慢行系统,以优化居住与交通体验。另一方面,注重改善优化民居的基础设施,增设现代化的照明、保暖、排水、通风、消防等人性化便民设施,道路路面采用既体现街区文化底蕴又与原有材质相近的材质铺装。这既可以有效地提升街区空间的舒适度与人居满意度,又深度贴合了青岛里院从海滨丘陵地貌中衍生而出的顺势而建、就地取材的生态精神。

(二)空间整治:景观维系,风貌统一

1.遵循街区空间肌理,维护城市通视走廊

第一,在民居维度层面,设立专项修缮基金,遵从可逆性修复原则,注重修复特色民居建筑的原有界面,最大限度地保留原有空间的形态、色彩、材料。以青岛里院为例,严禁侵占院落天井空间,以保证里院院落的视觉通透性;及时拆除有安全隐患的违规增添建筑,在修复里院民居建筑原有界面的同时,有效地减少民居建筑群落的安全隐患。

第二,在街区维度层面,注重延续原有街巷庭院的格局与尺度,注重保护现有建筑界面的连续性和贴线率。以青岛里院为例,亟须维系里院街区"回廊式"的独特空间肌理以及"格网式"传统街区肌理。此外,还应根据特色民居建筑的规模体量与空间布局进行合理的业态布局与后期运营,最大限度地减少对特色民居原始空间肌理的入侵与扰乱。

第三,在城市维度层面,不仅要注重维系横向的城市肌理,而且要注重对城市立体空间的保护与维系,考虑空间在界面、色彩、质感等角度与其他空间之间的过渡与联系,加强对遗产周边的城市天际线以及通视走廊的管控力度[1],杜绝

① 参见徐嘉琳、王广振:《基于文化创意产业的城市空间再造模式探析》,《人文天下》2020年第15期。

一切破坏城市肌理以及城市天际线①的行为。此外，对于特色民居管控范围内的新建建筑，为了保持天际线的连续性，必须使它在体量高度、风格设计等方面遵从街区肌理的建设秩序以及其所在环境的地域文脉。

2.遵循区域色彩规划，维护城市特色风貌

20世纪60年代，快速发展中的东京曾出现一种名为"色彩骚动"的城市问题。为了迎接奥运会，东京在建筑上大量使用了强烈的饱和色或对比色。很快，这些令人眼花缭乱的建筑立面就带来了全社会范围内的视觉污染。为了解决这一问题，东京政府相关部门于1972年发布了《东京色彩调查报告》，随后大阪、京都等地也先后实施了相应的色彩规划。② 反观中国，在近几十年的大规模城市更新中，也同样极度缺乏色彩规划意识，原本具有传统色彩的特色建筑沦为散落在高楼大厦间的零星"碎片"。因此，我们在城市特色民居的复兴过程中，应注重区域色彩规划的修补与完善，对周边道路与建筑立面进行统一的整治与改造，力求呈现出和谐统一的景观风格和城市风貌。

值得注意的是，色彩规划不仅仅局限于建筑群落与周边环境的和谐统一，还应注重构建与维系最能识别城市特质的颜色组合。康有为先生曾将青岛的城市形象概括为"青山绿树、碧海蓝天、不寒不暑、可舟可车、中国第一"。而后，人们便在康有为先生评价的基础上提出"红瓦绿树、碧海蓝天"八个字来概括青岛的城市文化景观。其中，"红瓦"指代的便是里院屋顶所特有的红瓦，因此，里院是青岛城市意象不可或缺的重要组成部分。通过对青岛的建筑、街道、园林小品、植物等色彩进行提取，最终选择了氛围营建的四大色系，即红瓦、绿树、蓝天、金沙，具体包括红瓦棕墙、古朴厚重的建筑色系，青翠清新、亲近自然的草木色系，海天一色、碧海蓝天的海天色系，金色沙滩、沐浴阳光的大地色系。所以，加强区域的色彩规划与管控，有利于增强城市的整体和谐性与色彩可识别性。

（三）规划治理：规划引领，公众参与

1.树立分类复兴思维，构建多元规划体系

当前，城市特色民居的文化价值与保存现状各异，为了避免"一刀切"盲目

---

① 城市天际线，是指城市某一区域内建筑及自然景观的外部轮廓线与天空交接所形成的剪影，反映了一定时期内城市竖向形态的风貌特征。参见田宝江：《如何认识城市天际线？》，《人类居住》2017年第1期。

② 参见万春晖、秦绍：《你的城市是什么色彩》，《中国国家地理》2014年第8期。

式保护与更新,增强特色民居复兴举措的针对性,实现商业逻辑与文化价值的
和谐统一,亟须树立分级分类的复兴思维。以青岛里院为例,根据特色民居的
文化价值与建筑质量,可将里院民居建筑划分成三种类型,并由此提出三种各
有侧重、相辅相成的复兴措施。具体而言,第一类民居的文化价值较高,建筑主
体结构较为完好,其构建保存较完整,应采取静态保护意义上的保障性止损,属
于基础层前置举措的复兴范畴。第二类民居的文化价值一般,建筑主体结构较
为完好,但构建保留不完整,应采取动态更新意义上的内部功能置换,属于关键
层系统复兴的范畴。第三类民居的文化价值较低,建筑整体结构破损严重,构
建保存不完整,应采取横向拓展重构的充分改造,属于外围层运作体系的复兴
范畴(见表6-1)。

表6-1　城市特色民居分类复兴体系

| | 文化价值与建筑质量 | 复兴范畴 | 具体措施 |
|---|---|---|---|
| 一类民居 | 文化价值较高,建筑主体结构较好,其构建保存较完整 | 基础层 | 静态保护:保障性止损 |
| 二类民居 | 文化价值不高,建筑主体结构较好,但构建保留不完整 | 关键层 | 动态更新:内部功能置换 |
| 三类民居 | 文化价值较低,建筑整体结构破损严重,构建保存不完整 | 外围层 | 充分改造:横向拓展重构 |

　　除此之外,在树立分类复兴思维的基础上,还应注重构建多元规划体系。
任何一个文化因子的生存发展都不是孤立存在的,都是在一定的系统中实现
的。[1] 同样,在空间复兴进程中,每个原则、路径、策略、机制都不是独立存在的,
我们需要用全面整体的眼光综合运用各项举措,切忌进行"单一式"的保护与更
新,应注重融入城市动态发展过程中,形成区域协同的整体性发展态势。尤其
是,城市特色民居复兴作为城市发展的关键环节,不能完全独立于城市总体规
划之外自成一套逻辑,需要与之形成呼应以实现彼此之间的连贯性。
　　具体而言,应从以下三大层面构建多元规划体系(见图6-4):第一,以规划

---

　　①　参见唐建军:《生态学理论视角下传统手工艺术的保护策略》,《山东大学学报》(哲学社会科学版)2011年第2期。

维度为依据，划分成宏观、中观、微观三层规划体系，即国家宏观层面的普适性规划、地方中观层面的在地性规划、项目微观层面的具体性规划。第二，以规划对象为依据，注重点、线、面联动发展，划分成面状、线状、点状三层规划体系，即城市层面保护更新规划、街区层面保护更新规划、民居层面保护更新规划，加强"面状"城市风貌、"线状"街区界面和"点状"民居节点之间的联合打造与良性互动。第三，以规划目的为依据，划分指导、实施、控制三类规划体系，即概念性指导规划、修建性实施规划、控制性详细规划。综上，分别以规划维度、规划对象、规划目的为依据构建起全方位的系统规划体系。

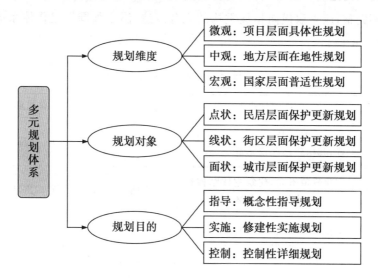

图 6-4　城市特色民居多元规划体系

2.健全公众参与机制，注重培育在地组织

城市复兴的核心价值取向在于"以人为本"，其价值目标的实现在于健全公众的社区参与机制。一个成功的城市文化空间复兴项目，必然要让其中的参与主体自愿成为项目的合作者。"参与"（Partem Capere）一词在拉丁语语系中是指从别人那里拿走一部分所有物，是一种权利结构的再分配。从这个意义上讲，公众参与在本质上是对既有权利结构的再分配，也是民众权利的再回归。事实上，公众作为城市文化空间的使用主体，尽可能地提升其参与度是实现空间复兴"在地性"的关键环节。一方面，城市特色民居不同于其他一般意义上的城市文化空间，它的诞生更多地源于当地居民的日常生活方式。另一方面，存量空间与增量空间的最大差别在于城市的存量空间中已经深深烙下居民生活的印记。因此,在城市特色民居的复兴进程中,以当地公众为代表的"东道主们"的积极参与成为城市复兴环节的重中之重,必须构建起长期高效的公众参与互馈机制。值得注意的是,此处的"公众"不仅仅指代居民,实际上是相关企业、规划师、学者智库、协会组织等多方社会群体的总称。

基于此,应逐渐推动城市从"孤岛自治"到"共享共治"的转变,形成"自上而下的顶层设计"与"自下而上的基层自觉"的相辅相成、相互促进。首先,在城市层面上,搭建联动合作机制,完善利益统筹机制,即利益主体的表达、实现、协调、补偿机制。[①] 这既可以打破行政管理的区域性壁垒,加强各区之间的联动与协作,又可以修补多方主体缺位,提高办事效率和政策执行力。其次,在街区层面上,健全公众参与机制,孵化在地运营组织。这可以充分发挥公众角色的参与作用,即在项目前期提出改造意见,在项目中期全程监督跟进,在项目后期持续参与运营。同时,也可以有效摒弃第三方组织运营的弊端,打通双向即时沟通平台,达成一种真正意义上的在地共识。最后,在项目层面上,明晰项目权责机制,建立项目推进流程。从规划、建设、备案到管理,通过流程图的形式,直观地了解项目的推进步骤,具体包括项目的建设目标、建设内容、工作机制、项目流程、管理模式、激励机制和责任分工等内容,从而建立起行之有效的监督治理体系。

## 二、关键层：系统复兴方案

当今时代,"场景式"消费模式悄然崛起,人们潜意识中的文化认知度与群体归属感都在不断地加深,一旦他们遇到与自己内心达成共鸣的文案、业态、场所,便会失去"抵抗力"而陷入运营商营造的文化空间"陷阱"中。这背后实际上蕴含着三种不同的文化空间复兴机制:第一,文案共情。人们的心理治愈诉求激增,心理防线极易被"攻陷"。第二,空间美学。人们正处于"颜值"经济时代的浪潮中,注意力极易被惊艳的空间景观吸引。第三,时代潮流。人们对于新潮业态的接受认可程度正在逐渐提升,并且日益演变为某些群体归属的检验标准。

所以,在城市特色民居文化空间的复兴进程中,应抓好文化主题性、空间地

---

① 参见黄芳:《传统民居旅游开发中居民参与问题思考》,《旅游学刊》2002 年第 5 期。

标性、业态复合性三大维度的复兴方案。第一,注重文化意义维度的在地性,营造城市文化主题空间。第二,注重空间意义维度的地标性,塑造城市景观地标空间。第三,注重经济意义维度的时代性,打造城市商业复合空间。以上三大维度,虽各有侧重,但并非各自独立,而是相辅相成、融合发展的(见图6-5)。

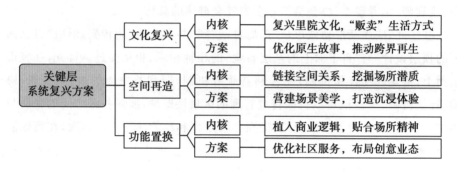

图 6-5　关键层:系统复兴方案

## (一)文化复兴:文化再生,情感共鸣

### 1.内核:复兴里院文化,"贩卖"生活方式

所谓文化,就是指一个社会的生活方式,换句话说,就是指这个社会过日子的方法。[①] 伊利尔·沙里宁(Eliel Saarinen)在《城市:它的发展、衰败与未来》(*The City：Its Growth，Its Decay，Its Future*,1945)中提到:"让我看看你的城市,我就可以指出它的居民在文化上追求什么。"[②]其中,城市特色民居正是浓缩了城市生活方式的典型文化空间,在院落的方寸之间集中展现着一个城市的在地文化。它在文化层面上具有与生俱来的"文化认同感"与"原生故事性",是城市在地性文化的重要来源。当这种在地性做到极致的时候,反而就成就了空间的世界性和国际性。[③] 所以,城市特色民居文化空间复兴的关键在于"在地性"的核心表达,即通过将以地方文化为核心的生活方式进行传达与渗透,打造一个充满舒适感、安全感、归属感的文化空间场域,让人心生欢喜、停留驻足。在此意义上,青岛里院的文化空间复兴进程,既是释放"青岛城市性格"的绝佳

---

① 参见梁漱溟乡村建设理论研究会编:《乡村:中国文化之本》,山东大学出版社1989年版,第1页。

② Eliel Saarinen, *The City：Its Growth，Its Decay，Its Future*, New York：Reinhold Publishing Corporation,1945,p.23.

③ 参见王国伟:《城市微空间的死与生》,上海书店出版社2019年版,第10页。

出口,同时也是展示"青岛城市文化"的绝佳平台。

在互联网时代的依群消费模式下,人们不再仅仅停留在所需产品的基础功能选择上,更多的是对该产品或者品牌背后潜藏着的生活方式、文化态度的认同与追求。正如阿兰·德波顿(Alain De Botton)在其著作《幸福的建筑》(*The Architecture of Happiness*,1969)中所说的那样:"当我们欣赏一把椅子或是一套房子时,我们实际上我们欣赏的是它们向我们传达出来的生活方式。"①旅游驻足的本质就在于对另一种生活方式的探寻与猎奇,人们会为了体验一种从未体验过的生活,做几个小时不同世界的人,为故事买单、为情怀消费。基于此,我们要通过复兴里院文化,"贩卖"一种生活方式,打造一个有温度的文化创意产品,创造一种令人向往的美好生活方式,给予受众一个与自己灵魂交流的栖息地。

2.方案:优化原生故事,推动跨界再生

李格尔(Alois Riegl)在《文物的现代崇拜:其特点与起源》(1902)一文中曾提出价值类型学的概念,将价值划分为纪念性的价值与当代价值。② 然而,反观当下,在城市辨识度越来越低、建筑同质化越来越高的背后,不仅仅是创意灵感的缺乏,更多的是对当下潮流的盲目追求和对在地文化的忽略与漠视。基于此,我们在里院民居的城市文化复兴策略中,既要注重里院文化及其历史脉络的延续性,又要考虑当下到未来的永续发展,注重当代文化的理智重塑。所以,文化复兴策略应从以下两大维度出发:一方面,优化原生故事,充分利用民居与生俱来的"文化认同感"与"原生故事性",提升故事运营能力;另一方面,注重跨界再生,为特色民居文化空间营造一个新的故事体系。

(1)文化延续:"原生故事性"

青岛里院作为充满故事性的市井记忆载体,只有做好"故事化经营",才能建立起真正的情感链接,成功附着传播的营销触点、体验的场景触点和消费的兴趣触点。这类似于风靡上海街角的"熊爪咖啡"运营逻辑,重要的不是咖啡产品本身,而是蕴含其中的故事与情怀!所以,"故事化经营"必须以里院文化为核心,注重空间布景的原真性,通过将目的地文化融入相关产品中,实现里院生活方式的拓展与延伸。

① [英]阿兰·德波顿:《幸福的建筑》,冯涛译,上海译文出版社2007年版,序言。
② 参见陈平:《李格尔与艺术科学》,中国美术学院出版社2002年版,第324页。

具体来讲，一方面，注重情怀"加持"，深化里院品牌。挖掘特色文化故事，提炼情怀共鸣文案，形成个性设计风格。比如，安缦酒店的情怀营造逻辑是"住宿本身，是一种修行"；"爱彼迎"的品牌塑造基调是"睡在山海间，住进人情里"。另一方面，注重文创衍生，打造媒体杂志。我们既可以研发"迷你里院"建筑模型等文创衍生品，还可以借鉴日本有机生活杂志《自游人》的运营经验，打造自媒体杂志《里院十二时辰》，记录分享里院生活故事、再生历程以及网红达人的探店之旅，集合展示青岛接地气的生活方式。

(2)文化再生："跨界新生力"

"跨界"是指两个及以上的品牌或品类，通过渗透与联合相互借力、相互赋能，异业混搭组合消费，共享对方的流量与受众群体。万物皆可"跨界"，然而并不是任意两个对象即可跨界，双方必然具备以下特征：第一，双方应隶属于不同行业，不具有市场竞争关系。第二，双方的用户群必须具备相同或相似的特征，才能实现双方受众群体的共鸣与互动。第三，双方应具备一定的互补性，才能互相借力，共同生长。第四，主体中至少有一个必然具备强大的影响力，具有较强的国民知名度或者话题引爆"体质"。

里院文化IP的跨界新生，其实是指"产品"与"内容"之间的互动再生。在某种意义上，也可以看作"行业品牌私域流量"与"在地文化沉浸体验"的交叉跨界，二者的联合可以碰撞出诸多新生力量，既有利于提升行业品牌的文化附加值，又有利于在地文化更好地融入时代发展浪潮。比如，故宫博物院与彩妆品牌之间的跨界合作、西安城市IP与星巴克的跨界合作。基于此，可以将里院文化实景入驻品牌空间，深度挖掘行业品牌的粉丝群体，加速共同受众的沉淀转化，有利于增强行业品牌与里院文化之间的深度互动以及各自的激活再生。

**(二)空间再造：重塑景观，复兴场所**

1.内核：链接空间关系，挖掘场所潜质

保罗·卡拉克(Paul Clarke)曾在文章《建筑美学的经济流通》(The Economic Currency of Architectural Aesthetics, 1988)中，深度论述了"审美生产"与"经济价值再生产"之间的互动关系。简言之，建筑越漂亮，其商业价值就越高,外观的美感往往带给人最直接的视觉愉悦[1],由此带来强大的吸金与变现能力。进入21世纪,作为一种新的经济形式,"体验经济"已成为一种必然趋势。[2] 空间的核心竞争力已从"对流量的吸引力"逐渐转变为"对场景的洞察和设计能力"。人们喜欢的不再是产品本身,而是产品所处的场景以及他们沉浸在场景中的情感。[3] 他们需要的也不再是单一的营销关系,更是一种综合意义上的体验关系。

所以,在城市特色民居的空间再造进程中,应从受众发自内心的情感诉求以及五感六觉的直观体验出发,通过构建线下实体"沟通空间",实现民居空间景点化,让受众在营造的场景中恰当地对话与互动,并在受众内心形成专属的超级"符号",达成自传播的良性沟通循环,从而进一步巩固场所空间和消费者之间的情感联系。简言之,城市空间再造的最终指向和重要意义在于,通过营造空间的场景氛围,增强空间的沉浸体验,挖掘空间的场所潜质,重新链接并加固空间与受众之间的良性互动关系,从而进一步提升特色民居空间的场所意义。

2.方案:营建场景美学,打造沉浸体验

(1)空间景观化:"场景化美学"

在"颜值即正义"的新时代消费心理熏陶下,场景化美学的营造至关重要。以青岛里院复兴为例,基于其充满时代韵味的小型街区尺度,可以采取街头涂鸦、文案景墙等"小角落、大创意"方式,以相对较小的成本,实现最好的空间实体交流效果。值得注意的是,此方式应严格规避文保单位和历史建筑,采取"可逆性"的环保材料。

第一,打造街头涂鸦,布局创意彩绘。积极邀请美院师生和职业画师,充分利用里院街区的坡面地势与巷道格局,开展立体创意彩绘创作。第二,打造文案景墙,书写街角情怀。以墙面为纸,书写情怀,让建筑本身具有"可阅读性"与"可接近性",为喧闹的城市空间、为奔走的人们提供"沉思"的思想留白空间,达到心灵对话、情感共鸣的空间效果。第三,通过仙气环绕、灯光亮化、音乐烘托等方式,打造空间景观、营造空间美学。比如,在重要景观节点,定时喷射水汽,

① 参见孙洁:《胜日寻"芳":成都方所书店》,《人类居住》2018年第2期。
② 参见章军杰:《基于体验经济的科普产业发展路径》,《科普研究》2013年第3期。
③ 参见吴声:《场景革命:重构人与商业的连接》,机械工业出版社2015年版,第10页。

营造仙气缭绕的空间氛围；注意夜晚景观的亮化营造，铺设路面以及建筑物轮廓的照明系统；在街区内设置以石头为外部造型的音乐广播箱，通过播放音乐烘托气氛。

（2）空间互动化："沉浸式体验"

我们正处在一个图像化的世界，必然要实现受众与空间的能量转换与互动，让受众成为"景中人"，才能复兴其场所意义。所有的文娱产品都不是要做内容，而是要做交互内容，让用户深度参与其中，像游戏一样让用户产生强烈的交互。同样，城市复兴的创新活力，也往往来源于这种城市的接近性和实体性交流。① 当下受大家追捧的沉浸式体验，就完美地掌握了空间互动化的精髓。其中，"沉浸"是指全身心地处于某种境界或意识活动中。②

作为视觉意义上的"出圈神器"，沉浸式体验依赖于裸眼 3D 技术、巨幕 LED 曲面屏、动态互动装置等新技术"加持"。以青岛里院复兴为例，一方面，可以将里院二楼的窗帘作为投影背景，演绎一段爱情故事，吸引受众驻足观赏；另一方面，也可以将里院内庭空间的建筑立面作为幕布，打造大型的 360°立体环绕灯光秀。此外，还可以设置互动路面灯带、光影秋千、跳动琴键、霓虹灯复古广告牌等街角光影互动装置。

（三）功能置换：紧跟时代，链接业态

1.内核：植入商业逻辑，贴合场所精神

在当今社会中，消费文化正在强有力地控制着城市空间的复兴方向。正如鲍曼（Z. Bauman）所言："进入消费社会后，现代意义上的消费场所逐步取代了传统意义上的公众场所，纯粹的空间场所逐渐需要借'文化'的符号来进行商业化运作，似乎这样才能获得生命的延续和再生。"③简·雅各布斯（J. Jacobs）也在其著作《美国大城市的死与生》(*The Death and Life of Great American Cities*，1961)中指出："旧区更新应当通过'植入混合功能'来增强街区活力，而不是大规模的城市改造。"④从某种意义上讲，功能置换策略与改造性再利用有异

① 参见王国伟：《城市微空间的死与生》，上海书店出版社 2019 年版，第 128 页。

② 参见杨东篱：《沉浸媒介与民俗文化的新"活态"保护》，《文化产业》2020 年第 32 期。

③ 转引自宋颖：《上海工业遗产的保护与再利用研究》，复旦大学出版社 2014 年版，第 104 页。

④ 转引自韩晓鹏、宁启蒙、汤慧：《基于微更新的历史文化街区保护更新策略研究——以青岛裕德里里院街区为例》，《安徽建筑》2019 年第 10 期。

曲同工之妙,是指在没有削弱空间文化意义的基础上,通过业态调整使其具有新的功能。在本书的研究范畴中,功能置换策略的本质在于空间的"再利用",通过打破里院民居唯一的居住功能限制,探索更加多元的功能业态,致力于将闲置可开发利用的特色民居空间打造为微型城市文化综合体。

在城市特色民居文化空间的复兴过程中,为了让其更好地在城市中生存,就必须持续更新文化空间对于消费者的"邀约"方式,必然要跟上城市功能升级换代的步伐。再加上,相较于其他以居住为主要功能的特色民居,青岛里院作为"商住一体"的复合型功能民居,拥有极强的业态包容性,对于其他功能的入驻具有较强的适应性。基于此,我们应充分发挥城市特色民居区位的优越性,充分利用青岛里院商住复合型的建筑功能,在分析时代发展以及场所特点的基础上,植入商业逻辑,置换业态功能,"嫁接"潮流中的某一特定功能,使之与社会相连接,获得文化意蕴的复兴与空间功能的更新,实现"连接时代潮流,贴合场所精神"的终极目标。

2.方案:优化社区服务,布局创意业态

在老旧小区改造修复的政策大趋势下,应从群众的基本诉求出发,注重提升社区的综合服务水平。除了传统功能性服务业态之外,还应积极响应青岛关于"打造时尚之都"的政策号召,在消费群体的构建中注重年轻人的时代潮流偏好,积极引进新型创意类业态,更多地吸引年轻人驻足消费。具体而言,一方面,注重为社区居民的基本生活服务,打造邻里综合性服务中心,打通社区服务的"最后一公里",直击社区基层的消费痛点,让置换的业态功能扎根基层;另一方面,注意创造引领当代年轻人的消费热点,满足其追求新鲜事物、打卡猎奇、情感共鸣等新潮消费需求,以吸引、释放年轻消费群体的强大消费潜力,让项目真正成为一座城市的"青年文化引力场"。基于此,结合青岛里院的基本特点与空间尺度,以业态服务尺度为依据,复兴业态可以涉及社区服务空间、创意体验空间两大尺度。

(1)社区服务空间:"邻里中心"

据相关数据显示,当下我国一线城市社区的商业消费仅占社会消费品零售总额的30%左右,然而在一些发达国家这一比例高达60%。[①]所以,在当下的

---

① 参见猫头鹰研究所:《今后会是"低物质"与"高精神"并重的时代吗?》,2020年5月13日,http://news.leju.com/2020-05-13/6666309034754489769.shtml。

中国，"最后一公里"半径的社区服务商业领域无疑还有更广阔的发展空间与商业潜力。应以城市特色民居作为文化空间载体，布局微型社区商业，不仅可以让商业业态根植于社区，而且可以通过服务功能反哺社区。这有利于进一步强化城市韧性，缩小消费通勤时间，缓解城市交通压力；同时可缓解当前邻里危机，增强社区的凝聚力，丰富基层文化活动，满足居民文化诉求。

关于社区服务的业态范畴，可以参考新加坡"功能集成派"的社区商业模式，其中"邻里中心"便是新加坡社区商业模式的典型代表。在"邻里中心"的布局规划过程中，生活配套功能一直处于核心地位，同时注重兼顾政府的部分社区服务职能。基于此，我们在布局相关业态时，除了超市、银行、医院、洗衣房、理发店、餐厅等基础配套业态之外，还应注重布局健身广场、口袋公园等公共休闲空间以及图书馆、文化馆等综合文化空间。除此之外，还应注重提升除居住功能之外街区区域的开放性与公共性，复兴街区活力，优化社会关系。

（2）创意体验空间："青年引力场"

关于创意体验空间的打造与布局，主要以业态功能类型为依据，进一步划分为主题餐饮、个性住宿、文化展陈、创意零售、沉浸体验、共享办公六大功能。具体而言，主题餐饮和个性住宿采取"场景消费"模式，依托里院文化，营造空间氛围。比如，依托里院民居的文化场所意义，延续其原始的居住功能，满足人们通过居住里院特色空间体验别样生活方式的猎奇消费需求。文化展陈可采取"静态＋动态"模式，即静态传承展示与动态临时展演相结合。一方面，可以利用里院一楼的门店空间，打造味道博物馆、失恋博物馆等主题博物馆；另一方面，充分利用里院的庭院空间以及街区的公共空间，开展品牌快闪店、品牌新品发布会等临时性展演活动。创意零售可采取"创意＋零售"模式，布局文创店、自拍馆、古着店、汉服店、睡眠舱等新潮零售。比如，针对里院内部特色的单元空间以及里院周边社区的康养需求，可以打造"胶囊公寓""午休睡眠体验舱"等康养零售空间。沉浸体验可采取"前店后馆"模式，即包含入口的主题博物馆、中庭的工艺作坊体验馆、出口的文创售卖店。这既可以实现动线闭环，提高游览效率，又可以先体验后购买，利用即时情绪刺激消费，提升产品购买率。共享办公可采取"We Work 工作坊"运作模式。一方面，可以打造艺术家工作室，赋予其全新的时代功能，充分吸收里院民居特有的年代气息，为品牌注入那个年代特有的韵味。比如,PRADA服饰品牌的中国驻地,就坐落于上海独具时代韵味的荣宅。另一方面,也可以紧跟时代潮流,利用里院的单间布局特点打造个人自习室等私密空间。

值得注意的是,入选门槛、业态规划是否合理是业态复兴环节的重中之重。所以,在业态遴选过程中应注重以下几点:在宏观层面上,第一,根据民居文化特色与社区氛围,确定文化主题定位。第二,根据民居空间体量与布局区位,确定总体功能定位。第三,根据居民消费偏好与购买能力,确定业态布局层级。在微观层面上,第一,业态品牌的年均更替率应保持在15%左右,方能确保文化空间的时代属性。第二,文化类空间与商业类空间应保持相对稳定的配比,在文化价值与经济价值的双重驱动下实现多方利益的互利共赢。

## 三、外围层:运作支撑体系

在论述完基础层和关键层的相关举措之后,鉴于城市复兴项目的风险不确定性以及系统复杂性,再加上里院特色民居运营不力、空间狭小、融资困难等关键性问题,为了保证城市特色民居文化空间复兴项目的顺利开展与高效运转,还应从文化运营、空间拓展、商业融资三大方面,具体论述复兴进程中的运作支撑体系(见图6-6)。

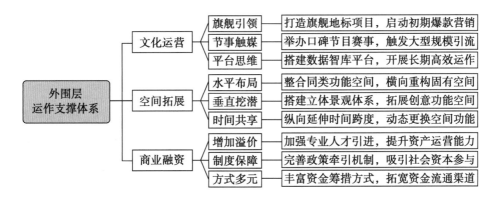

图6-6　外围层:运作支撑体系

**（一）文化运营：旗舰引领、节事触媒、平台思维**

一个高效的运营机制，是项目进一步落实并长期高效运转的基本前提。为了促进城市复兴项目的顺利开展，增强特色民居复兴项目的落地性与实操性，亟须解决其在前期造势、中期营销、后期运作等方面的难题。为了有针对性地解决这些问题，本节主要从以下三大维度展开：第一，旗舰思维，启动初期爆款营销；第二，节事思维，触发大规模引流；第三，平台思维，开展长期高效运作。

**1.旗舰引领：打造旗舰地标项目，启动初期爆款营销**

**（1）内核：确立空间旋律，重塑地标意义**

城市规划学家刘太格先生曾对建筑秩序有过这样的形象描述："在一个区域和一群建筑中，其关系就像一个大型交响乐队，应该设立'首席建筑体'，其他建筑应与其保持从属关系和协调关系……这样才会有协调性和观赏性。"[①]所以，在城市特色民居文化空间的复兴进程中，也亟须通过营建旗舰口碑项目，在率先确立文化空间的主氛围与主旋律的基础上，带动整个地方经济的再生。在西欧的城市复兴策略中，极具代表性的文化地标策略是使用最为广泛的一种方式。[②] 比如，20 世纪末世界著名建筑师弗兰克·盖里（Frank Owen Gehry）主持设计了古根海姆博物馆，将其作为一个文化旗舰口碑项目确立了毕尔巴鄂城市复兴基调，触发了一系列城市更新举措，使得城市面貌焕然一新。这种旗舰项目的引领效应，一般是将文化旗舰项目作为形象或者标识，通过政府的导向，引导私营机构对衰败地区进行投资[③]，进而吸引创造性的人才参与该地区的经济发展。

此外，美国学者凯文·林奇（Kevin Lynch）在《城市意象》（*The Image of the City*，1960）一书中，曾将城市意象归纳为"路径（Path）、边界（Edges）、区域（District）、节点（Nodes）、地标（Landmarks）"五个基本元素。[④] 他认为这是人们识别一个区域的关键所在。"区域"作为空间基底，"节点"与"地标"代表空间

① 转引自王国伟：《城市微空间的死与生》，上海书店出版社 2019 年版，第 47 页。
② 参见于立、张康生：《以文化为导向的英国城市复兴策略》，《国际城市规划》2007 年第 4 期。
③ 参见姚子刚：《城市复兴的文化创意策略》，东南大学出版社 2016 年版，第 63 页。
④ 参见［美］凯文·林奇：《城市意象》，方益萍、何晓军译，华夏出版社 2009 年版，第 35～64 页。

高潮,"路径"与"边界"发挥着串联作用。值得注意的是,人们对一个城市的文化感知,总是从某个地方的文化空间节点开始的,这种"节点"与"地标"是连接城市肌理、凸显城市文化、完善城市形态的重要部分[1],对于增强城市文化空间的可识别性、强化城市文化认同具有重要意义。基于此,我们亟须复兴城市最具标志性的文化空间,充分发挥旗舰项目的先锋性,使其在行业领域中快速形成号召力与影响力。

(2)策略:紧抓爆款逻辑,发挥旗舰效应

本书探讨的城市特色民居文化空间,往往具有与生俱来的地域辨识度,完全具备成为下一个城市地标的潜质,应充分利用其空间载体的独特地标意义。在里院复兴进程中,考虑到空间布局的分散性、前期融资的困难性、民居产权的复杂性等特点,亟须摒弃"全盘式"快速推进的传统模式,转而采取"旗舰项目引领、循序渐次更新"的新型复兴节奏,顺应里院自身"循序渐进式"的生长机制,通过播种一粒创意种子,让里院文化自然生长。其背后的运作逻辑为通过营建旗舰地标项目,利用爆款打卡心理,形成短暂的巨量曝光,促进受众即时性购买,激发旗舰口碑急速发酵,从而形成品牌价值与地标形象正向循环传播。

具体而言,在营建特色民居旗舰项目的过程中,应紧抓爆款逻辑,充分发挥旗舰效应,注重空间的唯一性和文化的在地性。第一,建筑景观设计应具备一定的唯一性,在视觉上形成巨大的冲击力,以成功抓取受众的注意力。第二,注重在空间设计中融入地域文化中最具代表性、最具标志性的文化符号[2]——里院文化。第三,邀请行业领域的"精神领袖"参与设计,吸引大批的目的性消费者为城市带来大规模的"名人旗舰效应"。比如,贝聿铭先生参与创作的苏州博物馆,在成为苏州市地标性质的文化景观的同时,也成功吸引了大批"打卡者"。此外,一个成功的文化旗舰性地标项目,还应注重规避过于怪诞的旗舰项目设计风格,注重维护其对城市复兴辐射影响的持续性与稳定性。

① 参见方遥、王锋:《整合与重塑——多层次发展城市文化空间的探讨》,《中国名城》2010年第12期。

② 参见徐嘉琳、王广振:《基于文化创意产业的城市空间再造模式探析》,《人文天下》2020年第15期。

2.节事触媒：举办口碑节目赛事，触发大型规模引流

(1)内核：发挥事件效应，释放活动经济

城市触媒理论是20世纪末由美国城市规划师韦恩·奥图(Wayne Attoe)和唐·洛干(Donn Logan)在其著作《美国都市建筑：城市设计的触媒》中提出来的。"触媒"本为化学反应里"催化剂"之意，后引申为城市发展概念，指能够对城市建设触发连续影响的关键城市空间节点。它不仅仅是一个最终产品，还是一个能够刺激和引导后续开发的重要因素。[①] 简·雅各布斯(Jane Jacobs)也曾提到"事件"是促成历史建筑及空间再利用得以发生的催化剂和潜在动力。[②] 在此意义上，以文化大事件作为关键触媒，可以为城市提供一种突发性动力，使其在较短的时间内获得较大规模的关注，从而实现跨越式的提升与优化。此处的"文化大事件"是指借助重大节日、赛事和国际会议以及各种展览会等，通过行业权威人士的吸引和主办方深度营销，既吸引专业人员参与，又拉动游客前往现场体验的一种文化活动形式。[③] 从一定意义上来说，这种以文化大事件为核心的节事触媒，是文化创意产业撬动城市空间复兴的重要支点之一，其本质在于通过关键事件实现对现有资源的文化增值以及场所的精神再造。

赫伯特·西蒙(Herbert Simon)曾经对当下经济发展的趋势作出预判，即"伴随着信息的发展，有价值的不再是信息，而是注意力"[④]。然而，城市特色民居复兴议题却极度缺乏与其自身价值相匹配的关注度。所以，节目赛事是推动城市特色民居复兴的关键触媒。

(2)策略：线上节目引流，线下赛事助力

第一，注重视频节目引流，顺应受众沟通偏好。据《2020中国网络视听发展研究报告》以及 Quest Mobile 相关数据，2019年中国网络视听产业规模已达4541.3亿元。截至2020年6月，中国网络视听用户规模突破9亿，网民

---

① 参见[美]韦恩·奥图、唐·洛干：《美国都市建筑：城市设计的触媒》，王劭方译，(台北)创兴出版社1994年版，第87页。

② 参见[美]简·雅各布斯：《美国大城市的生与死》，金衡山译，译林出版社2005年版，第7页。

③ 参见邵明华、张兆友：《国外文旅融合发展模式与借鉴价值研究》，《福建论坛》(人文社会科学版)2020年第8期。

④ 转引自张德琴：《论注意力经济与公共关系产业的发展》，《中国发展》2012年第12期。

的网络使用率高达 95.8％[1]，每人每月使用移动视频的时间已增至 40 小时[2]。这些网络视频节目作为互联网时代的新兴传播方式，通过唤醒、激活、复现三大关键功能，将传统文化用新方式植根于中国人内心。[3] 同时，这些"影视表象"也进一步助推了游客对于目的地集合性关注的形成。[4] 所以，注重培养提升城市的"视频化"能力，既可以顺应受众沟通偏好，又可以充分发挥节事触媒效应。

以青岛里院为例，通过与综艺影视节目合作联名，同时发挥"明星顾问的名人效应"和"专业设计团队的实操智慧"，不仅可以记录民居改造的"前世今生"，解决里院特色民居的空间复兴的实际问题，还可以在更广阔的层面上增加关注度、吸引流量、培养粉丝，吸引人们更多地关注特色民居改造。比如，真人秀综艺节目《漂亮的房子》，围绕"心归田野，即是故乡"的主题，选取了四所民居建筑进行改造。该节目从草案设计、详规制定到具体施工，记录了民居改造的全程，大家可以一起见证一座民居从"僵化的废弃空间"到"灵动的个性空间"的华丽转变。此外，青岛里院特色民居还可以为文艺作品创作取景提供拍摄地，扩大知名度。

第二，开展民居改造赛事，增强营销造势力度。通过更新试点征集、设计方案评选、实施建设反馈等多个重要环节，搭建专业人员参与城市建设的工作平台，探索建立特色民居改造的竞赛制度。具体过程如下：首先，由青岛市政府和高校智库团队商议制定比赛主题和改造原则，以确保街区历史风貌和街区更新风格的一致性。其次，报名参加的设计师们在遵循改造原则的基础上围绕改造主题，在"里院池"中挑选一处自己想要改造的里院民居并提出相应的设计方案。最后，由专家评委和当地群众共同投票，优胜者可在政府扶持下进一步落实自己的改造方案。该活动既可以为里院特色民居提供切实可行的改造方案，又可以做好前期的造势铺垫，为后期的招商引资形成一个良好的宣传推广效应。

此外，在举办民居改造赛事的过程中，还应注重以下四个特质的打造：第

①　参见《2020 中国网络视听发展研究报告》，中国网络视听节目服务协会发布，2020 年 10 月。
②　参见《2020 视频趋势洞察报告》，DT 财经和哔哩哔哩网站联合发布，2020 年 6 月。
③　参见《抖擞传统：短视频与传统文化研究报告》，武汉大学媒体发展研究中心和字节跳动平台责任研究中心联合发布，2019 年 5 月 13 日。
④　参见侯越：《从韩流看"影视表象"与"旅游地形象"的构筑》，《旅游学刊》2006 年第 2 期。

一,注重提高赛事的参与频次。用户高频次参与赛事,是赛事品牌增强用户黏性和建立用户忠诚度的过程。① 因此,在保证一年一度的大型赛事的基础上,还应适当增加相关的延伸赛事,比如在赛事举办前增加宣传文案设计等低门槛、小规模的相关赛事,以提升赛事参与频次。第二,注重创造优质的赛事内容。打造内容优质、形式多样、体验度高的赛事内容,是提高其核心竞争力的关键环节。第三,注重兼顾专业性与娱乐性。赛事娱乐化的出现在一定程度上反映了公众参与赛事的一种需求,也为赛事衍生品、跨界消费、商业赞助提供了更多拓展空间,让赛事变现成为可能。第四,注重建立商业运营模式。一个成功的赛事往往具备完善的商业模式和强大的变现能力。

**3.平台思维:搭建数据智库平台,开展长期高效运作**

(1)内核:构建对话场域,数据基建先行

2020 年 4 月"新基建"第一次被纳入政府工作报告,文化领域的"新基建"也紧随而至。中央文改领导小组办公室发布了《关于做好国家文化大数据体系建设工作的通知》,强调建设国家文化大数据体系是新时代文化建设的重大基础性工程,并提出了八大建设任务。② 从这个意义上来讲,2020 年可以称为中国"文化大数据体系建设"元年,建立与完善数据智库平台是我国文化产业新基建建设历程的重要环节之一。所以,我们应顺应时代号召,搭建"云端"数据库平台,贯通"前端"(供给端、生产端)与"终端"(需求端、消费端)之间的桥梁,提供多元服务,实现循环共赢。

(2)策略:打造数据智库,搭建合作平台

基于此,在城市特色民居复兴进程中,应聚焦特色民居文化空间,搭建综合合作平台,建立特色民居数据库,构建多方对话交流场域,将政府决策、经济收益、数据分析、产权制度、公众参与等都组织到这个共享协商的平台之上。③

———————

① 参见周冰:《人奥背景下我国三人篮球赛事产业发展策略研究》,《体育文化导刊》2018 年第10 期。

② 八大建设任务分别是中国文化遗产标本库建设、中华民族文化基因库建设、中华文化素材库建设、文化体验园建设、文化体验馆建设、国家文化专网建设、国家文化大数据云平台建设、数字化文化生产线建设,基本形成了文化数据从生产、标注、入库到加工、传播、应用的全体系闭环。

③ 参见王世福、曹璨:《存量时代的历史街区"再文化"逻辑:广州新河浦》,《人类居住》2017 年第 2 期。

一方面,在打造民居数据库的过程中,我们注意到温州市图书馆已经率先搭建起了温州古民居数据库,但是其展陈状态仅为静态类型的文本。所以,我们在建立青岛里院数据库的过程中,不仅要搭建"可视化动态模型库",完成里院建筑的数字化建档,而且要为参与主体提供一线的特色民居动态现状数据,包括民居基本数据、开发利用现状、最新政策优惠等内容。

另一方面,在合作平台的建设过程中,首先,应由政府相关部门牵头,与高校智库团队合作,成立线下工作小组,搭建线上对接平台。其次,平台应具备以下基本功能:其一,在特色民居保护修缮、文化挖掘、空间改造等方面,制定基本导则与行业标准,设定各主体参与的基本门槛;其二,为各个参与主体提供商业对接合作平台。最后,平台应为多方参与主体提供对口服务。第一,对于政府而言,平台可以在改造方向、项目招商、商业运营等方面提供思路,解决特色民居文化空间的复兴难题,从而进一步"活化"沉寂的民居空间,盘活固化的街区空间。第二,对于高校智库团队而言,平台既可以为高校提供教学科研的实操平台,又可以为学生们提供社会实践基地。第三,对于设计师而言,平台既可以为其提供可供改造开发的各种类型的民居对象,又可以为其提供政策资金扶持、商业合作平台等服务。第四,对于企业而言,平台可以为其精准投放综合性的商业合作服务。在这里企业具有双重身份:在民居改造前期是提供投融资的商业主体,在民居改造后期是利用这些民居改造空间的客群市场。

（二）空间拓展:水平布局、垂直挖潜、时间共享

城市特色民居的街巷空间和建筑体量相对较小,且处于存量优化的城市内涵式发展时代,每一平方米、立方米的空间都具有价值和意义。为了充分拓展物理空间、延伸时间跨度,我们从横向维度、纵向维度、时间维度等方面具体论述如何最大限度地挖掘空间潜力、释放空间效益(见图6-7)。

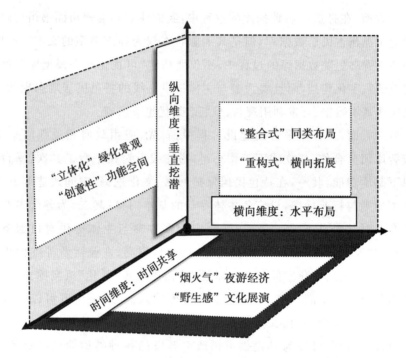

图 6-7　空间拓展三大维度

**1. 水平布局：整合同类功能空间，横向重构固有空间**

横向维度的水平布局，一方面是指对同类型功能空间进行整合优化，破解散落困境，发挥规模效应；另一方面是指不同类型的空间之间的重构式横向拓展，延长人群的驻足时间，加强空间的自适应性。

(1)"整合式"同类布局

在城市化进程中，个体的差异和发展的动态过程往往会给城市带来片断化、碎片化。为了修补这些城市中的碎片空间，可以采取一种"整合式"的同类布局整合策略，即"缝合"因功能分区而产生的城市碎片，并在其之间建立有效的互动与联系，以增强彼此之间的共享化程度，使个体和局部能均衡、和谐发展并相互关联，从而有效维系城市空间的连续性与完整性。[①] 基于此，为了最大限度地拓展空间规模、释放空间效益，亟须提升城市特色民居文化空间的功能集成和整合能力，促进同类功能空间的高度整合与共享融合。在此意义上，能够

---

① 参见刘捷：《城市形态的整合》，东南大学出版社 2004 年版，第 75～76 页。

实现里院空间的整合优化,有效利用空间资源,在创建积极空间上有着重要的意义。

比如,可以通过设计里院文化长廊的方式,充分利用里院建筑角落的剩余公共空间,将部分社区基本服务连接到空间中。值得注意的是,在整合优化线下同类型功能空间的基础上,还应借助互联网等技术工具积极开展线上空间的整合优化,实现虚实空间之间的无缝连接与提质增效。比如,爱彼迎民宿运营网站通过将散落的民宿空间在线上加以整合利用,将民宿发展成了能够与酒店相竞争的规模化产业。鉴于此,在里院特色民居空间的整合过程中,同样可以通过"口袋里院""里院民居数据库"等云平台,将散落分布的特色民居文化空间以及相关信息在线上集合起来,既破解其线下散落分布的困境,又产生线上规模效应,最大限度地吸引民居设计师、企业投资商的关注与入驻。

(2)"重构式"横向拓展

并不是所有的民居类型都适合空间意义上的拓展式重构,只有一类民居才适合"重构式"横向拓展,这一类建筑文化价值较低,建筑整体结构破损严重,构建保存不完整,属于外围层运作体系的复兴范畴。在这一类民居拓展重构的过程中,关键在于找准现代与传统融合的切入点,在某种程度上达成文化与商业的和解。

由于里院民居的内部空间大部分被分割为 10～15 平方米的小型空间,在具体的业态布局过程中,存在着内部单体空间较小的局限性。基于此,在保护特色民居建筑外部立面和基本框架的基础上,可以通过植入创意功能空间,赋予建筑新面貌,延长人群的驻足时间,加强空间的自适应性。比如,可以根据情况考虑打通部分空间,建筑外立面可以采取玻璃钢构形式,通过融入现代的玻璃立面,增强空间的通透性,形成通透的建筑立面效果,使建筑兼具传统与现代的双重特征。同时,也可以采取"插件家"①的民居改造方式,植入新的结构实现有机嵌入。比如通过插入"嵌入式"的玻璃盒子、拓展里院内庭的楼梯外廊空间等,实现结构加固与空间拓展。

---

① 插件家是针对城市旧民居基础设施老化,又无法随意拆建的古宅改造困境而研发的一种包含多种功能模块的系统化解决方案。参见徐嘉琳、王广振:《基于文化创意产业的城市空间再造模式探析》,《人文天下》2020 年第 15 期。

**2.垂直挖潜：搭建立体景观体系，拓展创意功能空间**

纵向维度的垂直挖潜，是指同一空间在垂直方向上不断展开，将二维平面拓展为三维空间，垂直挖掘屋顶空间、阳台空间、庭院空间、地下空间等特色民居空间，搭建立体化绿化景观，创造"创意性"功能空间。

(1)"立体化"绿化景观

当前，景观绿化正在由"平面景观绿化"向"立体景观绿化"转变。立体绿化是指植物依附在建筑空间结构上的绿化方式，具体包括模块式、铺贴式、布袋式、攀爬垂吊式、摆盆式、板槽式六种立体绿化形式(见图 6-8)。所以，立体绿化能够在基本不占用平面土地的前提下，起到拓展绿化覆盖面积、改善城市生态系统的综合效果。除此之外，由于青岛里院特色民居的横向空间极为有限，街区空间布局较为紧凑，缺乏必要的公共"留白"空间。那么，如何用最小的代价解决里院民居的绿化问题？立体景观绿化方式给出了最优解。

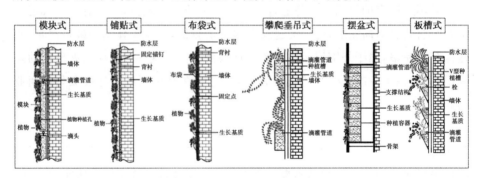

图 6-8　立体绿化方式

结合里院自身多层空间结构以及立体绿化发展趋势，我们应纵向拓展绿化空间，充分释放民居墙面空间、窗台空间、天台空间，打造集垂直花园、城市阳台、屋顶花园于一体的360°环绕型立体绿化体系，构建空中立体生态廊道，最大限度地弥补民居建筑所占据的空间，从而全面提升里院民居街区的绿化覆盖率。这种立体绿化方式不仅可以实现美观的环境效果，还蕴藏着深层次的文化意义。比如窗台上的花卉，在某种程度上是居民精神的标记与依托，居民们往往以此来"传达自己的存在"。[①]

①　参见［日］芦原义信：《街道的美学》，尹培桐译，江苏凤凰出版社 2017 年版，第 179 页。

（2）"创意性"功能空间

围绕里院院落的主题业态,垂直挖掘屋顶空间、地下空间、庭院空间、墙面空间等三维空间,灵活布局多功能商业空间。

一方面,屋顶作为建筑的"第五立面",是高楼林立的现代城市极稀缺的空间资源,往往蕴含着无限创意和万种风情。可以里院民居的"屋顶天际线"为营销重点,以其为背景垂直拓展创意商业空间,充分发展"屋顶经济"。比如,可以布局"星空酒吧""帐篷火锅"等创意餐饮业态,"泡泡屋民宿""星空帐篷"等个性住宿业态。

另一方面,还可以充分利用部分民居建筑的地下室空间,打造"下沉式"地下美食市集、"自动式"地下停车空间等创意功能空间。以"自动式"地下停车空间为例,原有城市规划下的街区尺度未充分考虑汽车停靠问题,因此需充分利用地下空间纵向拓展停车空间,建设自动式立体停车楼,解决老街巷的停车困境,进一步完善基层社区服务。除此之外,还可以充分利用里院特有的围合式庭院空间,开展文化展陈等临时主题活动;也可以充分利用里院的墙面空间,布局设计光影互动秀等沉浸式体验活动。

3.时间共享:纵向延伸时间跨度,动态更换空间功能

时间维度的空间共享,一方面是指同一空间在同一时间段上,通过打造夜游经济,无限纵向拓展时间跨度;另一方面是指同一空间在不同时间段上,通过举办文化展演等临时性活动,动态更换各种类型的空间功能,从而尽可能地提升空间利用率。

（1）"烟火气"夜游经济

伴随着"夜经济"业态的逐渐发展壮大,学术界也逐渐把"灯光指数"作为衡量一个城市经济活力的重要指标。美国布朗大学教授戴维·威尔(David Weil)等经济学家也一致认为,一个地方夜晚的灯光越亮,其 GDP 指数就会越高。在此意义上,夜游经济不仅延展了孕育文化创意产业的时间载体,打破了长期形成的"日出而作,日落而息"的传统生活方式,而且更是经济发展的延长、生命状态的延长。从文化意义上讲,夜游经济也可以看作新时代烟火气最真实的表达,与青岛民居的市井在地性极度贴合。所以,利用深夜食堂、星空酒吧、通宵自习室、光影夜行、十里灯节等夜游项目,不仅可以拉动城市僵化的经济链条,而且还可以复兴里院骨子里的市井烟火气。

具体而言，第一，通过打造"深夜食堂"，不仅可以在深夜为大家带来美食，而且可以给大家提供一个交流情感、诉说衷肠的"在地性"社交文化空间。第二，通过营建"星空酒吧"，定期邀请特色小众歌手进行街角表演，为本地居民和外地游客提供一个休憩的场所空间。第三，通过打造"通宵自习室"，为年轻群体提供一个通宵的共享自习空间，延长年轻人的驻足时间。第四，通过营造"光影夜行"互动秀，充分利用多媒体手段，以里院街巷为背景全方位地创造一种沉浸式投影体验。第五，定期举办"十里灯节"，与青岛的节事品牌相结合，营造"华灯初上，伊人赴约""十里灯海漫游，万盏璀璨华灯"的绝美意境。

（2）"野生感"文化展演

一个城市文化内蕴的形成与积淀，绝不仅仅依赖于其外在的景观与建筑，最重要的还在于其富有文化生命力的人文活动，而文化展演正承载着这样的功能。文化展演与青岛里院一样具有一种相似的市井"野生感"，它通过艺术形式拉近市民间的距离，为城市增添人情的温度，与里院的在地文化氛围相吻合、相契合。如果说青岛里院是一种"凝固的艺术"，那么文化展演便是一种"跳跃的艺术"。值得注意的是，文化展演只是一种表演形式，但其承载的文化内容则是多元的，具有一种流动的动态性。基于此，本书所探讨的动态更换空间功能指的是以里院内部的院落空间为载体，在同一个文化展演空间的不同时间段举办不同的临时性文化活动，将固有业态与临时活动相结合，大大提高了空间利用率，有效发挥了其文化展演功能。

具体而言，可以开展讲座展览、艺术孵化等文化活动，国潮集市、动漫集市等文创集市，潮流快闪、时尚走秀等品牌活动，节庆活动、现场演出等街头演艺。以艺术孵化文化展演活动为例，可以通过承办"海岛风物·里院新生——民居再生艺术季活动"，孵化新潮的艺术作品，激发新生艺术基因。值得注意的是，动态更换空间功能还可以进一步完善优化社区服务。以同一个社区空间为例，其白天可以作为邻里活动广场，晚上则可以作为公共停车场，发挥"一地多用"的服务功能，大大提升空间的复合效能。

（三）商业融资：增加溢价、制度保障、方式多元

城市特色民居的空间秩序割裂性以及产权复杂性，决定了其投资运营方案的特殊性。当前，里院民居在地理空间上处于局部散落的状态，不利于大规模、大体量的投资开发，很难吸引大型投资商进驻，短期变现困难、融资制度不完

善、融资方式单一等招商引资困境亟待破除。为了有针对性地解决这些运营难题,接下来主要从增加溢价、制度保障、方式多元三个方面展开论述。

1.增加溢价:加强专业人才引进,提升资产运营能力

在存量优化的城市发展时代,城市特色民居文化空间的资本运作链条已经从传统的"拿地→开发→销售"转变为"投资→改造→运营"。其中,资产运营逻辑也开始"减负",开始注重"轻资产运营"。本质上,轻资产运营的商业模式与变现逻辑是指以最少的资金(或者最轻的资产)去撬动最大的资源。[①] 这意味着以相对较低的成本获取特色民居存量资产,再通过文化创意手段进行改造升级,逐渐获得具有稳定现金流的基础性资产。紧接着,在实现品牌效应与集聚效应的基础上,不断提升文化空间的商业附加值,实现巨大的地产溢价,提升项目的场租议价能力,从而达到提升特色民居文化空间租金的经济目的。所以,增强资产运营能力才是盘活"存量型"资产、实现"跨越式"转变的核心环节。

在明晰资产运营与商业变现逻辑之后,我们需要注意的是传统的"重资产运营"主要通过卖方售楼回笼资金,而"轻资产运营"的关键则在于加强资本运营能力,从而进一步提升场租议价能力。而资产运营能力的提升则依赖于专业人才引进机制的架构与完善。人才是疏通金融体系运转的"毛细血管",高质量的人才聚集是民居融资必不可少的关键因素。值得注意的是,此类专业人才不仅仅包括金融方面的技能型人才,还包括文化产业管理、旅游管理方面的全面运营型人才。在特色民居运营人才的引进与培育过程中,不仅仅需要项目本身提供的优越条件与孵化平台,更需要一个城市为其创造更加开放、更有活力、更具个性化的成长环境。如此,方能吸引越来越多的人才涌入,继而带来商业与资本。

2.制度保障:完善政策牵引机制,吸引社会资本参与

城市特色民居复兴项目所需资金体量大、周期长,仅仅依靠以政府补贴、服务增值、专项债券等为主的财政资金支持,无法维系中后期的运营与可持续发展。为了更好地吸引社会资本积极参与城市特色民居复兴项目,亟须完善相关政策牵引机制,发挥财政资金的杠杆引导作用,疏通社会资金的融资对接渠道,吸引头部企业参与示范性投资,从而进一步吸引社会捐助、公益基金等其他社

---

① 参见秦虹、苏鑫:《城市更新》,中信出版社 2018 年版,第 276 页。

会资本入驻，大幅度增强金融资本的全范围支持力度。

具体而言，第一，构建税负减免机制，降低民居更新成本。根据每一个特色民居复兴项目的具体情况，通过民居合作平台发布税收优惠政策，酌情减免一定的税负，在政策层面上减轻参与主体的复兴成本。第二，增加土地用途弹性，灵活预留建设空间。借鉴新加坡土地利用规划弹性管制区的"白色用地"模式，预留功能性质无法确定的部分用地，允许特定区域内的土地功能弹性变更。[①]这一模式打破了特色民居空间土地性质的唯一性，有利于实现未来更新的多种可能性，可以更好地吸引社会资本的关注与投资。第三，完善容积率奖励机制，推动土地发展权置换。为了获得土地发展的置换权，参与城市特色民居复兴项目的企业必须主动作出公益性贡献，比如在公共空间的营造上作出一定的让步，从而保证在城市特色民居复兴项目上始终具有一定程度的话语权与管控权。

3.方式多元：丰富资金筹措方式，拓宽资金流通渠道

应根据城市特色民居复兴项目的投资、建设、运营等不同环节，有针对性地丰富资金筹措方式，形成投资基金化、建设信贷化、运营证券化的多元融资模式。第一，成立城市更新基金，破除前期启动资金困境。在城市特色民居复兴项目中，启动阶段的风险较大，融资相对最为困难，亟须成立政府性质或政企联合的城市更新基金。通过政府领投少量资金，撬动社会资本进入，为项目启动提供股权融资方式，解决"资本金"问题，实现城市更新资金的统筹与平衡。第二，采用债权融资方法，破解中期建设资金难题。随着特色民居复兴项目的不断推进，项目前期的风险点逐渐被排除，文化资产的价值逐渐显现，项目可多采用债权方式融资。第三，完善资产支持证券机制，破除后期运营资金困境。特色民居复兴项目进入相对成熟阶段后，能够形成稳定的现金流，可以通过资产支持证券的方式，实现前期投资的逐步退出，为后期项目的持续运作提供持续的资金。[②]

除此之外，根据城市特色民居项目的特殊性，还应注重探索创新性的融资模式。一方面，梳理民居资产权属，开展托管运营模式。鉴于里院民居产权的复杂性，可鼓励拥有产权的居民自愿将其所有权实行联合托管，授权专业机构

---

① 参见秦虹、苏鑫：《城市更新》，中信出版社 2018 年版，第 238 页。
② 参见秦虹、苏鑫：《城市更新》，中信出版社 2018 年版，第 25、278～305 页。

集中经营。如此,不仅可以实现民居产权的集中运营,形成空间集合的规模效应,还可以极大地提升在地群众的参与积极性。另一方面,搭建公开招商平台,开展众筹融资模式。众筹(Crowd-funding)是指通过互联网平台对筹资项目或企业进行展示、宣传、推广与资金筹措,以达到预售或创立目的的过程。[①] 这一模式主要由项目发起人(筹资人)、中介机构(众筹平台)和公众(出资人)三个部分有机组成[②],具有降低融资门槛、有效促进融资等相对优势。具体可以依托青岛里院的数据智库平台,向全社会发布众筹公告,增强众筹融资的信度与广度。

## 本章小结

本章根据复兴策略的重要性以及功能性的不同,从基础层、关键层、外围层三大层面,以青岛里院为例论述了核心议题——城市特色民居文化空间复兴策略。首先,基础层主要从文化引领、空间整治、规划治理三大方面,具体论述了在系统复兴方案开展之前必须要完成的基础性举措。其次,在打好复兴"地基"的基础上,分别围绕着文化复兴、空间再造、功能置换三大主题,核心论述了关键层的系统复兴方案。最后,为了保障城市复兴项目的顺利开展与高效运转,主要从文化运营、空间拓展、商业融资三大方面具体论述了外围层的运作支撑体系。

---

① 参见陈洁、王广振:《文化产业众筹融资模式分析》,《牡丹江师范学院学报》(哲学社会科学版)2016年第2期。

② 参见杨玉娥:《众筹融资模式浅议》,《合作经济与科技》2016年第12期。

# 第七章 城市特色民居文化空间
## 复兴规划方案

本章以青岛市市北区即墨路里院文化空间为例,从项目背景、文化内涵、目标策略、产业定位、规划导则、总体规划、具体规划、建设计划、规划愿景等方面,提出了"里院·记忆市北区即墨路主题漫游街区概念性规划方案",进一步阐述城市特色民居文化空间复兴策略的可行性与落地性。

## 一、项目背景

### (一)指导思想

2019年11月2日,习近平总书记在上海考察时说:"要妥善处理好保护和发展的关系,注重延续城市历史文脉,像对待'老人'一样尊重和善待城市中的老建筑,保留城市历史文化记忆,让人们记得住历史、记得住乡愁,坚定文化自信,增强家国情怀。"

在国家层面上,我国号召建设城市人文魅力空间。2014年3月,《国家新型城镇化规划(2014～2020年)》明确指出,发掘城市文化资源,强化文化传承创新,把城市建设成为历史底蕴厚重、时代特色鲜明的人文魅力空间。

在省级层面上,山东省号召形成夜间文旅集聚区。2019年11月,山东省人民政府办公厅《关于加快推进夜间旅游发展的实施意见》明确指出,推动各市至少形成1～2个与区域商圈发展相融合、具有较强辐射带动功能的夜间文旅消费集聚区。

在市级层面上,青岛号召打造历史文化街区旅游目的地。2018年3月,《加快打造百年青岛(市北)历史文化街区休闲旅游目的地的意见》明确指出,打造百年青岛(市北)历史文化街区休闲旅游目的地,举全区之力实施"个十百千万"工程,打造"记忆市北"品牌。

(二)区位分析

在行政区位方面,青岛即墨路里院文化群落坐落于市北区的西南角,南部与市南区毗邻,西部濒临胶州湾,属于典型的老城居住区和小商品服务业集聚区并存地带。

在街区区位方面(见图7-1),馆陶路周边即为即墨路里院群落的街区位置,其中,项目区域内部路网三纵四横,馆陶路(德式风情街)南北贯穿,西部紧邻新冠高架路,南临胶州路。

图 7-1　即墨路里院街区区位

在交通区位方面,即墨路里院群落位于青岛市核心区,距离各大交通枢纽仅在2公里范围内,比如距离馆陶路汽车站1公里,距离大港站1.6公里,距离青岛站1.7公里。其距离周边著名景点也非常近,比如距离圣弥厄尔大教堂1.6公里,距离青岛栈桥3公里,距离青岛啤酒博物馆3.3公里。

综上所述,青岛即墨路里院群落不仅内部路网四通八达,而且项目地理位

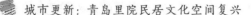

置、交通区位十分优越，属于文化旅游的黄金地段，具有极高的商业价值。所以，在空间意义上，青岛即墨路里院群落具有城市特色民居文化空间独有的地域辨识度与区位优越性。

### （三）现状分析

相对于青岛市市南区而言，市北区的传统民居形制大多为里院式聚居建筑，独栋别墅式民居建筑较少。这种现象的形成主要基于以下两个层面的原因：一是市南区朝阳的半岛区位吸引了富人聚居，而市北区背阳的半岛区位则聚居了收入偏低人群；二是在城市化进程的前期，市北区交通相对闭塞，区政府保护政策的出台先于房地产开发，由此这一类里院式民居建筑才得以留存下来。相较于独栋式别墅建筑形制，里院式传统民居建筑形制具有独特的文化意义与空间功能，代表着近代青岛极具地方特色的聚居文化。

位于市北区即墨路街道的里院传统民居，便是青岛市市北区里院聚居式建筑中的典型代表。在青岛历史风貌区域划分中，即墨路里院群落坐落于馆陶路历史文化街区、上海路—武定路历史文化街区两大街区内，此区域聚集了多处文物保护单位和传统风貌建筑（见图7-2），其中文物保护单位12处，历史建筑3处，传统风貌建筑多达144处。传统民居大部分为20世纪20～30年代建造的日式建筑，楼层层数大多为2～4层。

馆陶路22号—青岛取引所旧址（省级文物保护单位）

宁波路38号—里院院落（传统风貌建筑）

图 7-2　即墨路里院基本概况

值得注意的是,即墨路区域内的文保单位和历史建筑需要严格按照文物保护规则执行修缮性保护,并不属于本书的研究范畴。本书主要研究传统风貌建筑。2016年至今,青岛市市北区已经初步完成了即墨路里院群落的产权回收、居民腾退等工作,为后期的文化传承、产业更新以及商业布局等工作做好了前期准备。其中,征收的里院民居院落有50多处,建筑面积多达2万平方米。但是,该区域的传统民居存在着整体框架完好但局部破坏严重,建筑风格各异但风貌不够统一,空间布局分散,融资开发困难等问题。

　　根据区域内里院民居的建筑质量与文化价值,我们将已征收的民居建筑划分成以下三类:第一类民居(见图7-3)的文化价值较高,建筑主体结构较为完好,其构建保存较完整,应采取保障性止损。第二类民居(见图7-4)的文化价值一般,建筑主体结构较为完好,但构建保留不完整,应采取动态更新意义上的内部功能置换。第三类民居(见图7-5)的文化价值较低,建筑整体结构破损严重,构建保存不完整,应采取横向拓展重构的充分改造。

宁波路4号　　　　　　　宁波路38号　　　　　　　东阿路22号

图7-3　即墨路里院一类建筑(部分)

上海支路17号　　　　　　东阿路6-22号　　　　　　馆陶路31-3号

图7-4　即墨路里院二类建筑(部分)

| 甘肃路41-51号 | 广东路42-48号 | 广东路 |

图 7-5　即墨路里院三类建筑(部分)

## 二、文化内涵

### (一)文脉溯源

**1.里院文化：里院错落,宜居之地**

1897 年,德国侵占青岛后将青岛分为 9 个区,其中大鲍岛区是市北区的早期雏形,其区域范围包括今海泊路、高密路、胶州路、即墨路、李村路、沧口路一带。其中,即墨路街道作为传统的华人居住区,里院错落有致,市井文化深厚,生活气息浓郁,街坊氛围和谐。

**2.商业文化：商业积淀,经商之地**

同时,即墨路街道也是传统的华人小商圈,商业文化深厚,经商氛围浓郁,经营思维活跃。即墨路商圈最早可追溯到明末清初,它是大鲍岛村原住民的一处街头交易市场①,是现今即墨路小商品市场的前身。馆陶路商圈则是 20 世纪初由德国殖民者在中山路北段建成的"洋行一条街",由于金融机构众多,被称作"青岛的华尔街""青岛的外滩"。

**3.交通文化：交通便利,要塞之地**

自古以来,即墨路街道周边区域在海路、陆路方面皆为交通要塞,地理区位极为优越。在此区域内,1899 年近代中国第一个租借地海关"胶澳海关旧址"(新疆路 16 号,现为青岛海关博物馆)诞生。同年,大港火车站(商河路 2 号甲,现为青岛火车站办公地)建成,距起点站青岛站仅 2.87 公里左右。20 世纪初,我国道路客运行业也发端于青岛,诞生了中国最早的汽车站"馆陶路汽车站"

---

① 　参见《大鲍岛的旧时光》,《青岛画报》2018 年第 8 期。

（现为青岛金融博物馆和道路交通博物馆）。

### （二）文化定位

即墨路里院群落拥有深厚的里院文化、商业文化、交通文化积淀，彰显着"鲍岛起始地，百年老商埠，里院老街里，交通核心地"的文化溯源肌理。在此基础上，本书分别从社会、文化、经济三大维度确立了漫生活、漫文化、漫休闲的"里院·记忆"文化定位（见图7-6）。

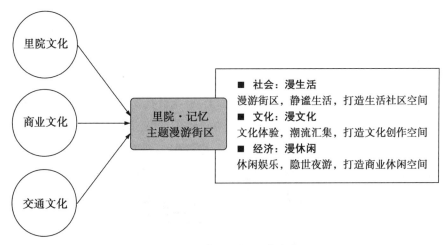

图7-6 "里院·记忆"文化定位

## 三、目标策略

### （一）战略目标

第一，在民居维度，通过建设里院民居文化空间旗舰项目，打造一站式沉浸式文化体验空间。第二，在街区维度，通过建设全国首个主题漫游街区，打造充满烟火气的漫生活文化商业综合体。第三，在城市维度，通过建设青岛市漫生活经济示范片区，打造独具青岛地域特色的城市文化地标。

在这种战略定位下，里院特色民居复兴项目，对于受众而言，提供了一个回归过去、体验里院文化的怀旧文化空间；对于匠人而言，带来了一个传承和弘扬老字号、老手艺的时代机遇；对于里院而言，给予了一个重新焕发生机、融入城市发展的复兴契机；对于城市而言，构建了一个充满烟火气息的市井文化地标。

---

## （二）品牌构建

在文化品牌的构建过程中，主要从即墨路里院群落"鲍岛起始地，百年老商埠，里院老街里，交通核心地"的文化基点出发，深度融合里院文化、商业文化、交通文化，提炼出以"里院·记忆"为文化内涵、以"漫生活"为主题的商业街区品牌形象。该形象深度契合里院空间载体的内在精神，具有浓厚的市井在地性、开放包容性、情感寄托性，是根植于里院文化的一种深度挖掘，也是紧跟时代潮流的一种空间重建。

在即墨路里院特色民居的复兴进程中，以"漫生活"为民居街区品牌（见图7-7），打造文化商业综合体，以点带线、以线带面，促进特色民居街区的"活化"与复兴，从而进一步带动青岛城市文化发展。在文化层面上，漫生活具备诗意浪漫街区、享受品质生活的文化意蕴；在空间层面上，漫生活具备漫游街区巷口、感知城市肌理的空间意蕴；在产业层面上，漫生活具备泛娱乐布局、多业态融合的产业意义。

图 7-7  "漫生活"文化品牌

"漫生活"文化品牌的标志是由城市街区轮廓、里院民居肌理等相关景观和文化图案融合而成，采用深红色为主色调。其基本内涵在于通过街区场景的营造，唤醒沉睡的里院生活记忆，传递"漫生活"的全新生活方式，呈现极具烟火气的"诗意、浪漫、惬意、文艺"主题特色街区形象。

品牌建设应包括以下步骤：第一，注册"漫生活"主题街区品牌和商标；第二，打造"漫生活"主题街区视觉识别系统（VIS）；第三，构建"漫生活"主题街区品牌管理运营团队；第四，开展"漫生活"主题街区品牌授权和合作业务。

## 四、产业定位

### （一）业态布局

以旅游业为主导产业，形成主题餐饮、特色住宿、共享办公、互动游戏、时尚购物、休闲娱乐等业态完备的街区旅游体系和配套服务设施(见图7-8)。

**主题餐饮产业**
主题餐厅、甜点小店等特色美食;
风味小吃、街边烧烤等地道美食

**互动游戏产业**
主题密室、剧本推理、沉浸体验等
互动游戏业态

**特色住宿产业**
主题民宿、青年旅社等
住宿业态

**时尚购物产业**
文创商品店、传统古着店、时尚饰品店、潮流旗舰店等时尚购物业态

**街区业态布局**

**共享办公产业**
联合办公空间、单人自习室空间、创业孵化空间等共享商业空间

**休闲娱乐产业**
咖啡店、花店、酒吧、茶馆等娱乐休闲业态

图7-8 业态布局

## (二)运营策略

### 1.平台:搭建民居改造对接平台

政府相关部门牵头,与高校智库团队合作,成立线下工作小组,搭建线上合作平台(见图7-9)。一方面,在保护修缮、文化挖掘、空间改造等方面,制定基本原则与行业标准;另一方面,为各大参与主体提供综合性的商业合作平台。

**设计师**
**政府**
➤ 解决民居空间利用与更新问题
➤ 活化沉寂的民居空间
➤ 盘活固化的街区空间

**平台**
➤ 提供可供改造的民居对象
➤ 提供改造的政策资金扶持
➤ 提供实操商业合作平台等

**高校智库团队**
➤ 提供教学科研实操平台
➤ 提供社会实践基地等

**企业**
➤ 提供综合性的商业合作平台
➤ 民居改造前,为民居改造提供投融资的商业主体
➤ 民居改造后,利用这些民居改造空间的客群市场

图7-9 平台功能示意图

### 2.引流:与综艺节目合作联名

建筑创意节目《漂亮的房子》曾引起热烈讨论。该节目围绕"回归生活,筑

梦未来"的主题,分别选取四处民居建筑进行改造;其中,"木兰围场"还入围了英国皇家建筑师学会奖。从草案设计、详规制定到具体施工,节目全过程参与,记录了民居改造的全程,其不仅有明星直接参与,而且有专业的建筑公司和前卫的设计师参与。即墨路里院的改造也可借鉴一二。如此,通过充分发挥"明星顾问的名人效应"和"专业设计团队的实操智慧",不仅可以解决市北区传统民居的空间更新问题,还可以在更广阔的层面上吸引人们更多的关注。

3.造势:举办民居改造国际比赛

首先,由市北区政府和高校智库团队制定比赛主题与改造原则,以保护街区的历史风貌,维系街区风格的一致性。其次,参赛的设计师们遵循改造原则,围绕改造主题,挑选一处可供更新的传统民居,提出具体的设计方案。最后,由专家评委和线上观众进行投票,优胜者可进一步落实自己的改造方案。几个环节环环相扣,为市北区传统民居改造做好了前期的造势铺垫,也为后期项目的招商引资带来宣传与推广效应。

## 五、规划导则

正如美国城市设计学者凯文·林奇(Kevin Lynch)所指出的:"为了现在及未来的需要而对历史古迹的变化进行管理,并有效地加以利用,胜过对神圣过去的一种僵化的尊重。"[①]我们非常有必要对部分城市文化遗产作出适应性的更新,但应协调好保护与发展之间的关系,维护好城市文化风貌与空间肌理的根本。基于此,本部分从基本理念和开发模式两个方面论述了即墨路街道传统民居的更新与再造策略。

### (一)基本理念

1."文化意蕴留存与传承"和"空间功能转化与更新"相结合

历史学家西蒙·沙玛(Simon Schama)在其著作《风景与记忆》中指出:"虽然我们总习惯于将自然和人类感知划归两个不同的领域,但事实上它们不可分割。"[②]在一定地域内形成和发展的"空间"与"文化"同样也是不可分割的,二者是相辅相成、相互依存的。本书语境下对于传统民居的保护与更新,便是基于

---

① 转引自张松:《城市笔记》,东方出版中心2018年版,第84页。
② 转引自张松:《城市笔记》,东方出版中心2018年版,第4页。

"文化意蕴的留存与传承"和"空间功能的转化与更新"。

之所以从"文化"与"空间"这两大维度进行思考与分析,主要是基于文化地理学家奎恩(M. Crang)所指出的空间与文化的相互依存理论,即一方面文化需要特定的空间来承载与展演,另一方面文化也赋予空间某种意义——通常是空间建(重)构者、利用者及被趋离者之间的权利权衡。[①] 基于此,在城市传统民居文化空间的保护与更新过程中,必须将"文化"与"空间"统一起来进行探讨与分析。

2."体验性消费"和"场景式营销"相结合

当下时代,人们喜欢的不再仅仅是产品本身,还包括产品所处的场景以及场景中浸润的情感。在更多情况下,人们消费的是商家所营造的场景,而非产品功能本身。运营商已不再拘泥于自我本位诉求,而是激发用户主动传播分享。[②] 在此意义上的消费过程,即是人们进入预设的消费场景,在内心形成共鸣,自愿完成消费并主动进行口碑宣传的过程。在这个过程中,大部分人又会选择二次消费,从而形成一个良性循环(见图 7-10)。

图 7-10 场景体验消费模式

基于此,传统民居开发与运营的终极目的,已不再是简单意义上的建筑空间功能的更新再利用,而应是打造场景消费空间。传统民居更新与再造的整体定位,也不再是传统意义上的商业功能空间,而应是一种为当地居民、为外地游客提供地域文化认知与交流、人生情感碰撞与共鸣的社交文化空间。

(二)开发模式

青岛市市北区即墨路街道传统民居在空间布局上较为分散,建筑体量与规

---

① 参见[英]奎恩:《文化地理学》,王志弘、余佳玲、方淑惠译,(台湾)巨流图书股份有限公司 2003年版,第 3 页。

② 参见吴声:《场景革命:重构人与商业的连接》,机械工业出版社 2015 年版,第 10、55 页。

模相对较小,不宜采用大规模的街区式开发理念与模式。本书以其所涉及的业态种类为依据,大致设定以下两种更新模式:一是多功能、多业态融合的综合开发模式;二是以单一功能或业态为主的主题更新模式。值得注意的是,所有的更新模式都应在对传统民居的建筑外观及内部结构进行保护性修缮的基础上,进行内部空间的功能布局以及文化氛围的营造与维护,形成既保护民居传统风貌又改善居住环境的传统民居保护路径。

1.综合开发模式

从市北区即墨路街道作为传统居民区的基本诉求出发,基于文化事业与文化产业两个维度,设计了社区公共空间开发模式和商业综合空间开发模式两大模式。

(1)社区公共空间开发模式

社区公共空间开发模式主要从丰富与充实基层文化事业的角度出发,以当地居民为主要目标群体,布局社区幼儿园、社区活动室、社区图书室、社区大舞台等社区公共文化空间。

在具体的开发过程中,首先,选取即墨路街区内部建筑体量较小的民居空间,充分利用里院式建筑所特有的内庭公共空间,以满足社区多元化的功能需求。其次,根据民居空间特性以及周边社区的功能需求,布局具有相应功能的文化事业服务项目。最后,在打造社区公共空间的过程中应以服务周边社区居民为目的,从而实现延续集体记忆、维系社区文化的最终目标。

(2)商业综合空间开发模式

商业综合空间开发模式主要从文化运营与商业开发的角度出发,兼顾当地居民和外地游客两大客群市场,布局主题式民宿、个性化餐饮、休闲酒吧、艺术作坊、临时节庆场所等业态,旨在打造业态多元、功能融合的小型商业综合体。此模式与新加坡的"邻里中心"社区商业模式颇为相似,是一种以满足与促进居民综合消费为目标的属地型商业。

总体而言,商业综合空间开发模式是指在优化升级原有居住功能的基础上,延伸出诸如民宿、餐饮、娱乐、社交、艺术等多样化的产业功能,从而形成社区文化空间综合体。首先,选取即墨路街区内部建筑体量较大的民居空间,通过分析社区周边业态布局的市场情况,进行下一步产业功能的优化布局。其次,根据民居空间的特性进行具体的业态布局。最后,该综合体的打造应兼顾外地游客与本地居民的双重需求,一方面为本地居民提供综合性的消费空间,另一方面为外地游客提供个性化的旅游空间。

2.主题更新模式

从市北区缺乏特色旅游目的地的基本现状出发,根据即墨路街道传统民居的文化特色与空间现状,设计了包括"主题民宿项目:里院里的旧时光""主题博物馆项目:青岛里院记忆博物馆""主题沉浸式体验项目:里院十二时辰"在内的三大主题更新模式。

(1)主题民宿项目:里院里的旧时光

打造主题民宿,将里院"原有居住功能与文化意义的传承"和"当下民宿体验情怀的发展"相结合,在其原有居住功能的基础上,打造一个情感交流、思维碰撞的社交文化空间。首先,注意选取即墨路街道交通区位较为便利的传统民居空间来打造主题民宿。其次,民宿的经营工作应尽量由曾在此居住过的民众担任,他们可以以亲历者的身份与住客分享在里院的生活经历。再次,整体的运营管理应实现标准化、系统化,整体场景风格的打造应尽可能地还原本真。最后,主题民宿的打造不再停留在简单的住宿功能本身,它为顾客提供的应是一个体验青岛传统民居生活方式的场所。比如,爱彼迎(Airbnb)的宣传口号是"睡在山海间,住进人情里",即民宿不再仅仅解决住宿这一功能意义上的需求,而应是倾诉烦恼、分享欢乐的人生"充电堡"。

(2)主题博物馆项目:青岛里院记忆博物馆

在即墨路传统民居的建筑空间中打造一个以"里院记忆"为主题的博物馆,可以借用最合适的建筑空间来打造往昔的场景,实现原有内生的空间意蕴与现代赋予的文化功能的完美契合。首先,以图文结合的方式展现青岛里院的演变历程,以3D视频或者实体沙盘的方式展示何为"里",何为"院"。其次,场景化地营造里院的生活场景,既可以借助道具进行实体场景的搭建,也可以采用VR等技术进行虚拟性的重现。最后,除了具体场馆的搭建,还应注重"记忆·里院"系列文创产品的创作与研发,比如可以开发以即墨路街道里院为基础模型的拼装玩具、3D打印便笺纸等等。

(3)主题沉浸式体验项目:里院十二时辰

以即墨路街道传统的里院生活方式为基本场景,打造名为"里院十二时辰"的沉浸式体验项目。在此项目中参与者将被赋予特定的角色,以这个身份参与到里院一天的生活中,也可以自主选择在哪个时辰进入里院的世界。首先,可以引进专业的沉浸式体验设计团队,围绕即墨路街道传统民居特定的故事背景进行剧本创作。其次,即墨路街道里院对外封闭式的建筑形制为沉浸式体验项目的开展提供了绝佳的半开放式场所;此外,应尽量利用当地现有的建材与道具进行现场的场景搭建。再次,除了专业的演员之外,也可以邀请当地的居民担任特别嘉宾进行助演。最后,在前期的宣传阶段可以采取免费抽取体验名额的方式,使得参与者在沉浸式体验中深度了解青岛里院文化,并在体验后自愿进行口碑宣传。

## 六、总体规划

### (一)空间布局

具体的空间布局如图 7-11 所示,可以分为一核、两翼、三区。一核是以"漫·生活"为核心生活区,延伸优化其原有的居住功能。两翼是从核心居住区辐射出"漫·文化"与"漫·休闲"东西两翼。三区是经济、社会、文化三大轴线贯穿"漫·休闲""漫·生活""漫·文化"三大片区。

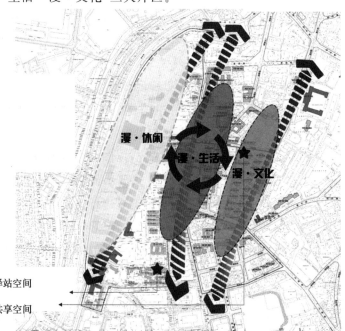

图 7-11  空间布局

## （二）总平面图

总平面图如图 7-12 所示。

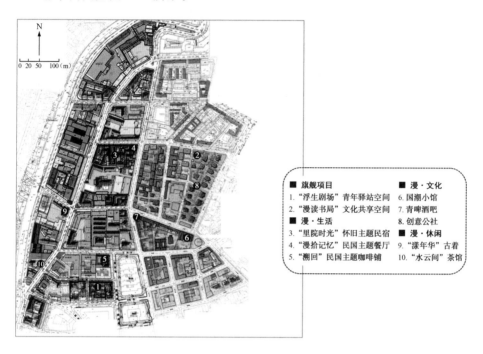

图 7-12　总平面图

## （三）旗舰项目

旗舰项目的打造理念是亦动亦静，让游客在动静之中漫游主题街区、体验青岛文化。

项目范围内的建筑风格以独栋别墅式民居和里院聚居式民居为主。在旗舰项目中，分别选取这两种风格的建筑进行打造。

"浮生剧场"青年驿站空间（东阿路 6-22 号里院）是以"动"为基本理念，围绕"民国风"主题，打造一个集主题密室、剧本推理等功能于一体的综合性沉浸式体验空间。

"漫读书局"文化共享空间（宁波路 4 号别墅）是以"静"为基本理念，围绕"武侠风"主题，以王度庐故居为空间载体，打造一个固定功能与临时功能相结合的主题性文化共享空间。

**1.青年驿站空间:浮生剧场**

**功能定位**:里院沉浸剧场。

**文化定位**:偷得浮生半日闲,沉浸里院不问时。

**功能布局**:密室逃脱、沉浸戏剧、剧本推理等。

**概念设计**:"浮生剧场"来源于诗句"偷得浮生半日闲"——给我半天的时间,就可以带你"逃离"车水马龙的现代世界,一起走进里院极盛时期的浪漫岛城,带你体验一个鲜衣怒马、恩怨情仇的真实江湖世界。

**打造理念**:一个剧场就是一个世界,"浮生剧场"致力于打造集多种沉浸式项目于一体的综合性沉浸空间。比如,"里院十二时辰"沉浸式体验项目是以里院生活方式为场景,时长为一天一夜。

**2.文化共享空间:漫读书局**

**功能定位**:武侠主题书店。

**文化定位**:漫读人生,江湖书局。

**功能布局**:采取"静态＋动态"模式,静态固定功能包括故居展陈、主题书店、品牌文创、社交休闲等;动态临时功能包括时尚秀场、艺术展览、沙龙活动、讲座培训等。具体如图7-13所示。

图 7-13　漫读书局效果图

**打造理念**:"漫读书局"武侠主题书店选址即墨路街道宁波路4号,以王度庐故居为空间载体,围绕"武侠风"主题,依托王度庐先生撰写的武侠小说的情节场景,为生活在城市里的人提供一个专属于武侠世界的垂直领域主题共享空间。

空间布局:故居入口层即是二楼,它兼具王度庐生平展陈、武侠主题书店、武侠文创商店三大固定功能,并辅助以咖啡共享空间功能。负一楼和三楼则为临时展陈空间,负一楼为相对封闭性的展览空间,可以举办沉浸式光影艺术展等艺术活动;三楼为相对开放的公共空间,可以开展读书会、小型文化沙龙等思辨活动。阁楼可以设置作家书房、单人自习室等私密创作空间。

**(四)漫·生活**

1."里院时光"怀旧主题民宿

**功能定位**:里院主题民宿。

**文化定位**:住进人情里,睡在山海间。

**概念设计**:我们不再停留于简单的住宿功能本身,而是为顾客提供了一个深度体验青岛传统生活方式的场所空间。[①]

**打造理念**:"里院时光"主题民宿在延伸优化里院民居原始居住功能的基础上,采取场景消费模式,致力于打造一处最地道、最贴切的里院文化传播空间,同时为受众提供一个情感交流、思维碰撞的社交文化空间。在这里,游客可以亲身感受老青岛最地道的生活方式,可以在谈笑间聆听本地人讲述青岛的老城故事。

2."漫拾记忆"民国主题餐厅

**功能定位**:民国主题餐厅。

**文化定位**:品味年代美食,重拾民国记忆。

**空间要素**:民国店铺设计、地道民国菜谱、民国文艺表演等。

**概念设计**:回应那个时代,却并非简单地复制那个时代的模样,而是通过场景化营造去纪念、品味、回忆那段美好时光。

**打造理念**:主题餐厅以民国时代为基本场景进行店铺装饰设计,彩色的玻璃窗、花纹的大理石地砖、红棕色的皮沙发、复古式的留声机……餐厅空间中的每一个角落均呈现出民国的场景,带你穿越到民国时代,品味民国美食,体验万种风情。

---

① 参见徐嘉琳:《城市传统民居文化空间保护与更新策略研究——以青岛市北区即墨路街道为例》,《人文天下》2019 年第 19 期。

3."溯回"民国主题咖啡铺

**功能定位**：民国主题咖啡铺＋社交互动共享空间。

**文化定位**：约三五好友，于民国窗前，弄月嘲风。

**主题阐释**："溯回"就像时间倒回轮转，让人们穿越过去，亦可当作一种怀旧情感；同时也代表着不跟随大众、追求个性自我的理念。

**打造理念**："溯回"民国主题咖啡铺把民国气息作为一味"辅料"融入咖啡铺中，通过系统的视觉设计，让人们感受民国气氛的同时，带着怀旧的情感，与自身的回忆达成共鸣。每个人的心中都会呈现不一样的画面，都可以在这里找到一份记忆、一份情怀。

**社交空间**：除了打造民国主题的咖啡铺空间之外，还可以开展民国主题的讲座分享、阅读分享、下午茶等文化沙龙活动。

### （五）漫·文化

1.国潮小馆

**功能定位**：传统文化体验基地＋国潮文化汇集空间。

**文化定位**：中国造，正当潮！

**打造理念**：一方面，打造优秀传统文化体验基地；另一方面，打造集品牌故事传播、实体店铺售卖、粉丝互动空间于一体的国潮文化互动平台。此外，可以在主题街区中布局国潮小馆快闪店，实现固定空间与流动空间相结合。

**涉及领域**：故宫宫廷文化、国漫文化、汉服文化、京剧文化、国产药妆文化等。

**合作联名**：故宫文创、花西子、百雀羚、盖娅传说、中国·李宁等。

2.青啤酒吧

**功能定位**：啤酒品尝空间＋文创展陈空间＋KTV嗨歌空间。

**文化定位**：我有故事，你有酒吗？

**核心文化**：青啤文化作为青岛人生活的一部分，是青岛人专属的酒文化，也是青岛人独具地域特色的生活方式。

**打造理念**：与青岛啤酒博物馆合作联名，打造青岛啤酒主题旗舰门店。

空间设计:酒馆入口采用网红感应门设计,营造出恍如隔世的空间割裂感,增强人们的空间沉浸感与互动体验感。空间以青岛啤酒独有的绿色为主色调,辅之以黑色等色调,营造出青啤文化独特的品牌展陈空间。

3.创意公社

**功能定位**:共享办公空间。

**文化定位**:在这里,工作是一种休闲的生活。

**概念设计**:在工作环境中享受休闲的生活! 在巨大的混凝土"钢筋森林"里,为城市上班族开辟出一个可供办公休憩的后花园。

**整体定位**:在办公4.0时代,提倡"愉快工作"(Fun Work)的办公理念,充分利用区域内里院建筑的复式空间,为文艺工作者、新晋创业者打造新概念办公聚集地。

**打造理念**:除了传统共享办公空间提供的随时拎包入住、咖啡休闲、办公打印、高速网络等基本办公服务,还提供了创业培训、政策申请、工商注册、财务办理等个性定制服务。此外,还注重构建便利的创业生态社群体系,以激发创业者们的灵感与活力。

**(六)漫·休闲**

1."漾年华"古着

**功能定位**:时尚怀旧购物空间。

**文化定位**:漫漾古着,复古岁月,执着而深爱。

**客群市场**:内心持有"复古因子"的群体。

**概念阐释**:"古着"不等于"二手",古着(Vintage)是指年代久远、现在已经停产,因为当时某些原因卖不出去或是被人收藏从而留下来的设计独特、有年代感的服饰。

**打造理念**:"漾年华"古着店主打复古怀旧风。每一件服饰都有故事,都是独一无二的精品。该店对于追求独特个性的时尚弄潮儿、摄影爱好者而言,是旅游必经之地。同时,店铺与整个街区的华洋折中式气质极为贴合。此外,除了经营之外,店铺致力于打造复古爱好者的社群平台,定期开展复古市集等活动。

2."水云间"茶馆

**功能定位**：诗意休闲茶馆。

**文化定位**：于仙境吃茶，在人间品香。

**空间要素**：下沉式水台茶座空间、仙气萦绕的锦鲤池、写着诗歌文案的屏风、写着菜单的团扇等。

**概念设计**：致力于营造一个仙气萦绕、水雾袅娜、浪漫静谧的神仙意境，为热爱传统文化的人们提供一个体验茶道、举办雅集的创意零售空间。

**打造理念**："水云间"茶馆致力于打造集吃茶、品香、插花、赏鲤、阅读于一体的诗意休闲空间。此外，可以充分利用里院的特色单元空间，营造私密专属的茶座空间，并采用网上预约模式，减量提质。

## 七、具体规划

### （一）景观规划

**景观现状**：庭院绿化居多，公共绿化较少。

**景观空间结构**：漫游街区的景观规划围绕着三大景观主轴和三大景观节点，布局一些步行景观带、垂直景观带等辅助绿化景观。

**景观节点**：包括垂直绿化、庭院景观、屋顶花园等重要景观节点。

**景观主轴**：沿主干路形成纵向生态长廊，向街区内部环绕辐射，形成景观的绿化渗透效应。

**景观带**：横向步行景观带环绕街区的中心区块布局；垂直景观带分布在街区内部，在垂直维度上形成绿化景观。具体如图7-14所示。

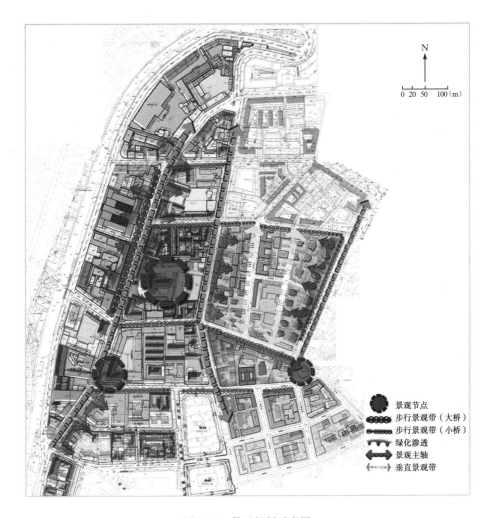

图 7-14　景观规划示意图

1.景观风格

整体景观风格延续里院华洋折中式的建筑风格样式,以纵向立体景观逻辑
营建极富烟火气息的复古文化社区,打造"诗意浪漫、潮流时尚、休闲小资、文艺
气息"的街区意向,营造"时尚青岛,记忆市北;左手繁华,右手繁花;大隐于市,
漫意人生"的空间意境。

具体而言,在即墨路里院民居的复兴过程中,可以提倡一种"垂直绿化＋公
共休憩"的垂直花园设计理念,传递一种"诗意浪漫,休闲生态"的漫游方式,营

造"于花田间驻足,于绿墙边休憩"的雅致意境。这既能节省平面空间,达到绿化美观的效果,又可以为游客提供一个开放式的公共休憩空间。值得注意的是,打造小型街区休憩空间,营造生机盎然的生态花墙,还可以发挥绿色景观的治愈疗愈功能,缓解人们的生活压力,舒缓情绪。

2.景观节点

(1)垂直花园

**功能定位**:小型街区休憩空间。

**文化定位**:于花田间驻足,于绿墙边休憩。

**打造理念**:街区横向空间有限,纵向拓展绿化空间,可全面提升城市绿化覆盖率。提倡一种"垂直绿化+公共休憩"的垂直花园设计理念,营造生机盎然的生态花墙,不仅占地面积小、省料省钱,而且能美化环境、减少噪音、净化空气、调节温度。

**空间要素**:休憩座椅、生态花墙等。

**花墙分类**:模块式、铺贴式、布袋式、攀爬垂吊式、摆盆式、板槽式。

(2)屋顶花园

**打造理念**:屋顶花园不但降温隔热效果优良,而且能美化环境,补偿建筑物占用的绿化地面,大大提高了城市的绿化覆盖率,是一种值得大力推广的屋面形式。

**空间要素**:阳光房、休闲座椅、绿植花卉等。

**(二)游览路线**

本街区内所有的空间要素都秉承灵活开放的布局原则,以标志物、标志项目为核心,整合节点,弱化边界,将街区化为一个整体。街区内点、线、面构成了空间结构,道路、绿化带、行道树等边界将标志物、休憩空间、功能区域等公共空间连接起来,形成了空间的基本框架。具体如图7-15所示。

图 7-15　游览路线示意图

在街区空间动线的设计中,应注重动线合理、灵活开放。第一,沿着街区肌理与边界,构建"井字形"游览动线,将景观节点、民居区域、旗舰地标等一一串联起来,形成完整的体验路径,呈现出进出有序、人车分离、回游性好等特点。第二,秉持灵活开放的布局原则,既注重整合节点、弱化边界,将街区化为一个整体,又注重打造开放式、低密度的空间概念。第三,通过增加节点设计,创造高潮吸引人气,把握好空间节奏,以提升空间的层次与品质。其中,雕塑、街角、塔楼等主题景观节点应尽量选址在步行系统交叉点(动线重要节点),并结合地块相应的文化故事,营造创意文化氛围。

## （三）旅游设施

### 1.停车场

项目区域内共有 9 个停车场，分布于项目各处，每个停车场规模不等，且多为私家车停车区域，停车总规模较小。具体如图 7-16 所示。

图 7-16　停车场布局示意图

考虑到街区地面停车面积有限，我们布局了 3 处地下立体智能停车场，开拓街区的垂直空间。

机动车停车场用地面积按照小汽车车位数计算，停车位尺寸为 2.5 米×

5米(地面划分尺寸)。停车场以竖直停车为主,构建绿色生态环境,实现停车位与自然环境相统一。

**上有大树**:为车遮阴,降低车内温度,减少能源消耗,增加人的舒适感。

**下能透水**:让雨水回归地下,调节地面温度,减少排泄量,提升地下水位,兼作绿化灌溉。

**绿树环抱**:吸尘减噪,提升景观品质。

2.照明设施

**街区整体方针**:漫游街区道路亮化照明设置以点、线、面结合的手法,分为三级道路亮化系统,实现"光的明暗有致",使街区的中轴和节点空间能够在夜景中被清晰辨认出来。为了实现城市与自然的共存,照明规划要能衬托出绿色植物的美感。

**道路设计方针**:灯光规划要考虑人们的夜间活动。事务区和公共设施区域采取基础式样照明,商业区采用明亮璀璨的照明灯光。

**庭院设计方针**:院落区采用静谧柔和的照明灯光,适当控制夜间射向天际的照明灯光。

## 八、建设计划

### (一)分期建设

从规划到落地,整个项目不可能一蹴而就,本规划主体部分建议分四期开发。每个分区围绕不同重点项目展开,并为整个区域带来新的元素。规划建设末期将对街区周围环境进行补充建设,使之成为有机整体。分期建设如图7-17所示。

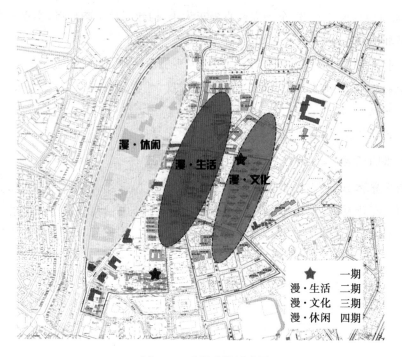

图 7-17　建设分期示意图

## （二）建设内容

具体的建设区域和建设内容如表 7-1 所示。

表 7-1　建设区域和建设内容

|  | 建设区域 | 建设内容 |
| --- | --- | --- |
| 第一期 | 旗舰项目 | "浮生剧场"青年驿站空间<br>"漫读书局"文化共享空间 |
| 第二期 | 漫·生活 | "里院时光"怀旧主题民宿<br>"漫拾记忆"民国主题餐厅<br>"溯回"民国主题咖啡铺 |
| 第三期 | 漫·文化 | 国潮小馆<br>青啤酒吧<br>创意公社 |

续表

| | 建设区域 | 建设内容 |
|---|---|---|
| 第四期 | 漫·休闲 | "漾年华"古着<br>"水云间"茶馆 |

## 九、规划愿景

### (一)特色活动

特色活动具体如图 7-18 所示。

| ■ 漫游·华灯节 | ■ 漫游·国潮节 | ■ 漫游·音乐节 | ■ 其他活动 |
|---|---|---|---|
| 举办十里华灯节,华灯初上,流光溢彩,长街如昼,灯火通明,再现上元灯节盛景,打造网红夜拍圣地。此外还可以设置猜灯谜、兔子灯制作等互动体验活动。 | 举办国潮狂欢节,包括传统美食展示售卖、国潮文创展陈、汉服出街游行、传统游戏互动等活动。为国潮爱好者提供一个集会、展销、交流的空间与平台,借助节庆之势打造国潮文化基地。 | 举办漫游音乐节和光影艺术节,光怪陆离的灯光,360°环绕的视听盛宴,让你沉醉其中。 | **古风雅集**<br>以"云水间"为主要基地,定期为雅集活动提供场景,可以举办茶道、插花、书画、投壶等传统活动。<br>**文创市集**<br>可以与大学合作举办以"漫游街区"为主题的文创设计大赛,同时举办相关文创产品的市集活动。 |

图 7-18 特色活动

### (二)复兴愿景

即墨路里院民居的复兴愿景包括三个层面:(1)老城复兴,绽放青岛市北都市魅力;(2)街区再造,布局首个漫游主题街区;(3)里院记忆,打造民居改造旗舰项目。

## 本章小结

本章以青岛即墨路里院文化空间为例，分别从项目背景、文化内涵、目标策略、产业定位、规划导则、总体规划、具体规划、建设计划、规划愿景九大方面提出了"里院·记忆市北区即墨路主题漫游街区"的概念性规划方案，进一步具体阐述了城市文化复兴项目的营建逻辑，为青岛里院复兴创建全新的具备实操性的借鉴模式。

# 结　语

## 一、研究结论

当前,城市发展已经由外延式"增量扩张"向内涵式"存量优化"转变,逐步进入了城市内涵式发展的新时代。在此背景下,城市复兴的对象逐渐聚焦于以特色民居为代表的低效闲置空间类型上。这一类空间由于规模较小、布局分散等诸多因素,一直处于被强制性"边缘化"状态,生存危机日益凸显。所以,城市特色民居文化空间亟待被重视、被正名、被复兴。本书通过以上各章节的论述,主要得出以下结论。

第一,城市特色民居文化空间是指将"城市特色民居"置于"文化空间"的语境范畴中进行探讨,也就是说在"城市特色民居"基本概念上赋予其"文化空间"内涵,具体指城市文化空间类别中以居住为主要功能的文化空间。城市特色民居文化空间复兴是指以文化作为复兴的核心引擎,利用文化创意产业的基本逻辑与创新手段,深度挖掘城市特色民居的文化资源与空间功能,在构建再生机制的基础上实现"激活衰败空间、复兴文化氛围"的终极目标。

第二,长期以来城市特色民居的文化地位一直没有得到很好的认可,导致其面临着"文化意义淡化、空间秩序割裂、社会主体缺位"的时代困境。在空间维度上,文化空间具有不可忽略的载体基质与场所意义,然而城市特色民居却呈现着空间失序和肌理割裂的基本现状。在社会维度上,治理体系桎梏和固化的运营思维等因素使得社会主体面临缺位和参与不足的困境,亟待搭建参与机制。所以,亟须在文化层面上开启地位重塑与文化自觉的联动复兴,在空间层

109

面上注重空间修复与秩序管控的双管齐下,在社会层面上注重机制搭建与时代连接的双重推动。

第三,青岛里院民居文化空间具有以下基本特征:从历史背景来说,里院诞生于具有殖民历史背景的海滨丘陵地貌的岛城青岛。从空间布局来说,青岛里院属于合院式住宅类型,具有"中西折中式、商住复合型"的特征。从文化内涵来说,青岛里院属于在地性的市井文化,具有"开放包容性、市井在地性"的特征。此外,青岛里院民居文化空间复兴还面临着宏观层面"文化氛围消逝,居民认知淡化""空间布局分散,景观秩序割裂"以及微观层面"规划偏重功利主义,缺乏单体实操方案""管理机制不够完善,缺乏常驻在地组织""初期融资招商困难,盈利运营模式单一"等时代困境。

第四,根据复兴策略的功能性和重要性的不同,将复兴策略划分为"基础层""关键层""外围层"三个层级,并根据每一层的特殊性从"文化""空间""社会"多重维度具体展开论述。

首先,"基础层"重要前置举措,分别从文化引领、空间整治、规划治理三大方面展开:在文化引领方面,"复兴"民居文化氛围,维系街区集体记忆;打造人性尺度空间,提升空间体验品质。在空间整治方面,遵循街区空间肌理,维护城市通视走廊;统一整体风貌景观,遵循区域色彩规划。在规划治理方面,树立分类复兴思维,构建多元规划体系;健全公众参与机制,注重培育在地组织。

其次,"关键层"系统复兴方案,分别从文化复兴、空间再造、功能置换三大方面展开:在文化复兴方面,基于"复兴里院文化,贩卖生活方式"的复兴内核,开展"优化原生故事,推动跨界再生"的复兴策略。在空间再造方面,基于"链接空间关系,挖掘场所潜质"的复兴内核,开展"营建场景美学,打造沉浸体验"的复兴策略。在功能置换方面,基于"植入商业逻辑,吻合场所精神"复兴内核,开展"优化社区服务,布局创意业态"的复兴策略。

最后,"外围层"运作支撑体系,分别从文化运营、空间拓展、商业融资三大方面展开:在文化运营方面,以旗舰引领为基点,打造旗舰地标项目,启动初期爆款营销;以节事触媒为基点,举办口碑节目赛事,触发大型规模引流;以平台思维为基点,搭建数据智库平台,开展长期高效运作。在空间拓展方面,以水平布局为基点,整合同类功能空间,横向重构固有空间;以垂直挖潜为基点,搭建立体景观体系,拓展创意功能空间;以时间共享为基点,纵向延伸时间跨度,动态更换空间功能。在商业融资方面,以增强溢价为基点,加强专业人才引进,提升资产运营能力;以制度保障为基点,完善政策牵引机制,吸引社会资本参与;以方式多元为基点,丰富资金筹措方式,拓宽资金流通渠道。

第五,为了增强复兴策略的落地性与针对性,以青岛即墨路里院文化空间为例,分别从项目背景、文化内涵、目标策略、产业定位、规划导则、总体规划、具体规划、建设计划、规划愿景九大方面提出了"里院·记忆市北区即墨路主题漫游街区"的概念性规划方案,进一步具体阐述了城市文化复兴项目的营建逻辑,为青岛里院复兴提供了借鉴。

## 二、未来展望

城市发展本身是一个持久、缓慢、有机的成长过程,具有一定的成长性和流变性。综观全球范围内的城市空间演进历程及相关研究,其核心要旨与研究侧重点均在不断地转变。在此意义上,关于城市复兴策略的探讨注定是一个极具复杂的长期过程。那么,城市特色民居文化空间作为城市复兴进程中具有代表性的空间载体之一,关于它的研究同样也是一个长期、复杂、系统的过程,需要在这慢慢时光中,持续探究、摸索前行。

未来,伴随着城市空间演进历程的逐渐更迭,这些课题将被赋予更大的历史使命。我们应辩证地看待城市空间复兴进程,在研究其积极的正面效益的同时,还应该思考其潜藏的一些极易被忽略的负外部性。比如,城市复兴进程是否只是以"文化复兴"为宣传噱头,却以"牺牲文化"为代价,并没有实现城市综合意义上的文化复兴?[①] 城市复兴的"绅士化"倾向带来的地价抬升等变动,是否会导致社会群体的利益矛盾? 这些问题皆需要我们进一步深入地剖析与论证。

尽管如此,我们依然相信"文化沙漠必然导致文艺复兴"[②],依然希望通过探讨城市特色民居文化空间的复兴策略,为处于生存困境中的城市特色民居构建起全新的生存发展范式,回归民居复兴真正的属性。与《没有建筑师的建筑:简明非正统建筑导论》为平民建筑正名和呐喊相类似,在当今时代我们

---

① 参见王婷婷、张京祥:《文化导向的城市复兴:一个批判性的视角》,《城市发展研究》2009 年第 6 期。

② 木心:《素履之往》,广西师范大学出版社 2013 年版,第 54 页。

依然需要掀起特色民居文化复兴的新浪潮，在全国范围内形成一种全民共识、在全民范围内形成一种文化自觉，唤起人们对于特色民居复兴的关注，让里院民居"可看、可听、可读"，真正地让人们走进这处院落、爱上这座城、记住这段回忆。

# 附　录

# 青岛里院"大事记"

19 世纪末至 20 世纪初,青岛里院诞生于"大鲍岛"地区的中国城内。

1898 年青岛最早的城市规划,是以观海山为界,以北的大鲍岛划为华人区,以南为欧人区,华人不允许在欧人区内建房居住。

1898 年,阿尔弗莱德·希姆森来到青岛,与他人合伙开设了希姆森公司(中文名为"祥福洋行"),主要从事公寓住宅的设计和建造,是德占时期青岛著名的德国建筑公司之一。他最先设计了"里院"这一建筑形式,后来其逐渐演化成最具青岛本土特色的民居样本。

1897~1901 年,广东商人古成章聘请德国建筑设计师在博兴路兴建了广兴里,占地面积 4000 余平方米,是青岛现存建设最早且最大的里院。

1910 年,里院屋顶基本采用红瓦,早期里院建筑则大多采用中式青瓦。

1922 年,《青岛概要》称里院为"华洋折中式"建筑。

20 世纪 30 年代,里院的商业门面开始普遍采用欧式门面,利用抹灰或者石材贴壁,同时常扩大上方门匾的宽度,以增加宣传作用。里院院落开始采用钢筋混凝土结构楼梯,使用铁艺栏杆与扶手。

1933 年,根据青岛市社会局统计,当时全市的里院有 506 处,房间 16701 间,住户 10669 家。

1935 年,由于居民、商户众多,青岛市制定了《青岛市公安局管理私有各里院清洁简则》,现藏于青岛市档案馆。

1935 年,青岛市在《青岛市政府市政公报》中公布了里院公共遵守条规,共计 28 条。

1948 年,里院达到 760 处。此后发展渐缓,20 世纪八九十年代,青岛开展建筑普查,粗略统计青岛有近 600 个"里",近 200 个"院"。

2006 年,李嘉诚参与投资的"青岛小港湾改造项目"开启,导致"海关后"片区被全面拆除,现代化的高楼取而代之,往日的海岸景观秩序被打破。"海关后"作为青岛里院群落的一个重要区域,它的消失意味着城市西部传统市街生态模式的消亡,一个非常重要的本土民俗文化样本不复存在。①

2013 年,由佟大为主演的电视剧《门第》,取景保定路 10 号里院,这座里院建于 1903 年,迄今已有 119 年的历史。

2016 年,由霍建华主演的悬疑惊悚电影《捉迷藏》,取景平康五里。

2016 年 10 月,德国友人赫尔穆特·希姆斯·希姆森,向青岛市档案馆捐赠希姆森家族历史档案 50 多件,主要包括其祖父阿尔弗莱德·希姆森的回忆录,希姆森家族在青岛的经商及生活档案。这些档案和照片填补了青岛市档案馆馆藏的一些空白,为构建完整的青岛早期城市记忆和研究早期城市发展历史提供了珍贵的资料。②

2017 年 9 月,由山东大学与青岛市合作打造的城市文化发展专业学术平台——山东大学城市文化研究院(青岛)成立。次年 11 月,首届"城市文化·青岛论坛"在市北区成功举办。以上举措集中力量挖掘城市文化资源、探索城市文化建设模式,开启了青岛城市文化研究的智库新时代。

2018 年,始建于 1904 年的海泊路 37 号"鸿吉里"里院(见图 1)修缮完毕,开始试运营。其原为山东章丘孟氏家族产业,2015 年完成腾迁。目前是市北建设投资集团投资建设的里院改造旗舰项目——青岛故事文创商店,一楼以文创展陈、游览休憩为主,二楼布局艺术展览、会议座谈等功能。

---

① 参见青岛市市南区政协编:《里院·青岛平民生态样本》,青岛出版社 2008 年版,第 247 页。
② 参见《德国友人希姆森向市档案馆捐赠家族历史档案》,山东档案信息网,2016 年 10 月 26 日,http://dag.shandong.gov.cn/articles/8967636/201610/1476434049524002.shtml。

图 1　鸿吉里(海泊路 37 号)

2020 年,青岛市市北区联合深圳市工业设计行业协会在青岛最大的里院——广兴里(海泊路 63 号)引入国内外知名设计机构,将百年老里院打造成青岛工业设计创新中心(QIDC),让广兴里重新焕发活力的同时,也打造出"产业赋能·老城复兴"的全国样板。此试点项目于 5 月 28 日正式对外开放。

# 历史文化名城名镇名村保护条例
# （2017年修订）

（2008年4月22日中华人民共和国国务院令第524号公布　根据2017年10月7日《国务院关于修改部分行政法规的决定》修订）

## 第一章　总则

**第一条**　为了加强历史文化名城、名镇、名村的保护与管理,继承中华民族优秀历史文化遗产,制定本条例。

**第二条**　历史文化名城、名镇、名村的申报、批准、规划、保护,适用本条例。

**第三条**　历史文化名城、名镇、名村的保护应当遵循科学规划、严格保护的原则,保持和延续其传统格局和历史风貌,维护历史文化遗产的真实性和完整性,继承和弘扬中华民族优秀传统文化,正确处理经济社会发展和历史文化遗产保护的关系。

**第四条**　国家对历史文化名城、名镇、名村的保护给予必要的资金支持。

历史文化名城、名镇、名村所在地的县级以上地方人民政府,根据本地实际情况安排保护资金,列入本级财政预算。

国家鼓励企业、事业单位、社会团体和个人参与历史文化名城、名镇、名村的保护。

**第五条**　国务院建设主管部门会同国务院文物主管部门负责全国历史文化名城、名镇、名村的保护和监督管理工作。

地方各级人民政府负责本行政区域历史文化名城、名镇、名村的保护和监督管理工作。

第六条　县级以上人民政府及其有关部门对在历史文化名城、名镇、名村保护工作中做出突出贡献的单位和个人,按照国家有关规定给予表彰和奖励。

## 第二章　申报与批准

第七条　具备下列条件的城市、镇、村庄,可以申报历史文化名城、名镇、名村:

(一)保存文物特别丰富;

(二)历史建筑集中成片;

(三)保留着传统格局和历史风貌;

(四)历史上曾经作为政治、经济、文化、交通中心或者军事要地,或者发生过重要历史事件,或者其传统产业、历史上建设的重大工程对本地区的发展产生过重要影响,或者能够集中反映本地区建筑的文化特色、民族特色。

申报历史文化名城的,在所申报的历史文化名城保护范围内还应当有2个以上的历史文化街区。

第八条　申报历史文化名城、名镇、名村,应当提交所申报的历史文化名城、名镇、名村的下列材料:

(一)历史沿革、地方特色和历史文化价值的说明;

(二)传统格局和历史风貌的现状;

(三)保护范围;

(四)不可移动文物、历史建筑、历史文化街区的清单;

(五)保护工作情况、保护目标和保护要求。

第九条　申报历史文化名城,由省、自治区、直辖市人民政府提出申请,经国务院建设主管部门会同国务院文物主管部门组织有关部门、专家进行论证,提出审查意见,报国务院批准公布。

申报历史文化名镇、名村,由所在地县级人民政府提出申请,经省、自治区、直辖市人民政府确定的保护主管部门会同同级文物主管部门组织有关部门、专家进行论证,提出审查意见,报省、自治区、直辖市人民政府批准公布。

第十条　对符合本条例第七条规定的条件而没有申报历史文化名城的城市,国务院建设主管部门会同国务院文物主管部门可以向该城市所在地的省、自治区人民政府提出申报建议；仍不申报的，可以直接向国务院提出确定该城市为历史文化名城的建议。

对符合本条例第七条规定的条件而没有申报历史文化名镇、名村的镇、村庄，省、自治区、直辖市人民政府确定的保护主管部门会同同级文物主管部门可以向该镇、村庄所在地的县级人民政府提出申报建议；仍不申报的，可以直接向省、自治区、直辖市人民政府提出确定该镇、村庄为历史文化名镇、名村的建议。

第十一条　国务院建设主管部门会同国务院文物主管部门可以在已批准公布的历史文化名镇、名村中，严格按照国家有关评价标准，选择具有重大历史、艺术、科学价值的历史文化名镇、名村，经专家论证，确定为中国历史文化名镇、名村。

第十二条　已批准公布的历史文化名城、名镇、名村，因保护不力使其历史文化价值受到严重影响的，批准机关应当将其列入濒危名单，予以公布，并责成所在地城市、县人民政府限期采取补救措施，防止情况继续恶化，并完善保护制度，加强保护工作。

## 第三章　保护规划

第十三条　历史文化名城批准公布后，历史文化名城人民政府应当组织编制历史文化名城保护规划。

历史文化名镇、名村批准公布后，所在地县级人民政府应当组织编制历史文化名镇、名村保护规划。

保护规划应当自历史文化名城、名镇、名村批准公布之日起1年内编制完成。

第十四条　保护规划应当包括下列内容：

(一)保护原则、保护内容和保护范围；

(二)保护措施、开发强度和建设控制要求；

(三)传统格局和历史风貌保护要求；

(四)历史文化街区、名镇、名村的核心保护范围和建设控制地带；

(五)保护规划分期实施方案。

第十五条　历史文化名城、名镇保护规划的规划期限应当与城市、镇总体规划的规划期限相一致；历史文化名村保护规划的规划期限应当与村庄规划的规划期限相一致。

　　**第十六条**　保护规划报送审批前,保护规划的组织编制机关应当广泛征求有关部门、专家和公众的意见;必要时,可以举行听证。

　　保护规划报送审批文件中应当附具意见采纳情况及理由;经听证的,还应当附具听证笔录。

　　**第十七条**　保护规划由省、自治区、直辖市人民政府审批。

　　保护规划的组织编制机关应当将经依法批准的历史文化名城保护规划和中国历史文化名镇、名村保护规划,报国务院建设主管部门和国务院文物主管部门备案。

　　**第十八条**　保护规划的组织编制机关应当及时公布经依法批准的保护规划。

　　**第十九条**　经依法批准的保护规划,不得擅自修改;确需修改的,保护规划的组织编制机关应当向原审批机关提出专题报告,经同意后,方可编制修改方案。修改后的保护规划,应当按照原审批程序报送审批。

　　**第二十条**　国务院建设主管部门会同国务院文物主管部门应当加强对保护规划实施情况的监督检查。

　　县级以上地方人民政府应当加强对本行政区域保护规划实施情况的监督检查,并对历史文化名城、名镇、名村保护状况进行评估;对发现的问题,应当及时纠正、处理。

## 第四章　保护措施

　　**第二十一条**　历史文化名城、名镇、名村应当整体保护,保持传统格局、历史风貌和空间尺度,不得改变与其相互依存的自然景观和环境。

　　**第二十二条**　历史文化名城、名镇、名村所在地县级以上地方人民政府应当根据当地经济社会发展水平,按照保护规划,控制历史文化名城、名镇、名村的人口数量,改善历史文化名城、名镇、名村的基础设施、公共服务设施和居住环境。

　　**第二十三条**　在历史文化名城、名镇、名村保护范围内从事建设活动,应当符合保护规划的要求,不得损害历史文化遗产的真实性和完整性,不得对其传统格局和历史风貌构成破坏性影响。

**第二十四条** 在历史文化名城、名镇、名村保护范围内禁止进行下列活动：

（一）开山、采石、开矿等破坏传统格局和历史风貌的活动；

（二）占用保护规划确定保留的园林绿地、河湖水系、道路等；

（三）修建生产、储存爆炸性、易燃性、放射性、毒害性、腐蚀性物品的工厂、仓库等；

（四）在历史建筑上刻划、涂污。

**第二十五条** 在历史文化名城、名镇、名村保护范围内进行下列活动，应当保护其传统格局、历史风貌和历史建筑；制订保护方案，并依照有关法律、法规的规定办理相关手续：

（一）改变园林绿地、河湖水系等自然状态的活动；

（二）在核心保护范围内进行影视摄制、举办大型群众性活动；

（三）其他影响传统格局、历史风貌或者历史建筑的活动。

**第二十六条** 历史文化街区、名镇、名村建设控制地带内的新建建筑物、构筑物，应当符合保护规划确定的建设控制要求。

**第二十七条** 对历史文化街区、名镇、名村核心保护范围内的建筑物、构筑物，应当区分不同情况，采取相应措施，实行分类保护。

历史文化街区、名镇、名村核心保护范围内的历史建筑，应当保持原有的高度、体量、外观形象及色彩等。

**第二十八条** 在历史文化街区、名镇、名村核心保护范围内，不得进行新建、扩建活动。但是，新建、扩建必要的基础设施和公共服务设施除外。

在历史文化街区、名镇、名村核心保护范围内，新建、扩建必要的基础设施和公共服务设施的，城市、县人民政府城乡规划主管部门核发建设工程规划许可证、乡村建设规划许可证前，应当征求同级文物主管部门的意见。

在历史文化街区、名镇、名村核心保护范围内，拆除历史建筑以外的建筑物、构筑物或者其他设施的，应当经城市、县人民政府城乡规划主管部门会同同级文物主管部门批准。

**第二十九条** 审批本条例第二十八条规定的建设活动，审批机关应当组织专家论证，并将审批事项予以公示，征求公众意见，告知利害关系人有要求举行听证的权利。公示时间不得少于 20 日。

利害关系人要求听证的，应当在公示期间提出，审批机关应当在公示期满后及时举行听证。

第三十条　城市、县人民政府应当在历史文化街区、名镇、名村核心保护范围的主要出入口设置标志牌。

任何单位和个人不得擅自设置、移动、涂改或者损毁标志牌。

第三十一条　历史文化街区、名镇、名村核心保护范围内的消防设施、消防通道,应当按照有关的消防技术标准和规范设置。确因历史文化街区、名镇、名村的保护需要,无法按照标准和规范设置的,由城市、县人民政府公安机关消防机构会同同级城乡规划主管部门制订相应的防火安全保障方案。

第三十二条　城市、县人民政府应当对历史建筑设置保护标志,建立历史建筑档案。

历史建筑档案应当包括下列内容:

(一)建筑艺术特征、历史特征、建设年代及稀有程度;

(二)建筑的有关技术资料;

(三)建筑的使用现状和权属变化情况;

(四)建筑的修缮、装饰装修过程中形成的文字、图纸、图片、影像等资料;

(五)建筑的测绘信息记录和相关资料。

第三十三条　历史建筑的所有权人应当按照保护规划的要求,负责历史建筑的维护和修缮。

县级以上地方人民政府可以从保护资金中对历史建筑的维护和修缮给予补助。

历史建筑有损毁危险,所有权人不具备维护和修缮能力的,当地人民政府应当采取措施进行保护。

任何单位或者个人不得损坏或者擅自迁移、拆除历史建筑。

第三十四条　建设工程选址,应当尽可能避开历史建筑;因特殊情况不能避开的,应当尽可能实施原址保护。

对历史建筑实施原址保护的,建设单位应当事先确定保护措施,报城市、县人民政府城乡规划主管部门会同同级文物主管部门批准。

因公共利益需要进行建设活动,对历史建筑无法实施原址保护、必须迁移异地保护或者拆除的,应当由城市、县人民政府城乡规划主管部门会同同级文物主管部门,报省、自治区、直辖市人民政府确定的保护主管部门会同同级文物主管部门批准。

本条规定的历史建筑原址保护、迁移、拆除所需费用，由建设单位列入建设工程预算。

第三十五条　对历史建筑进行外部修缮装饰、添加设施以及改变历史建筑的结构或者使用性质的，应当经城市、县人民政府城乡规划主管部门会同同级文物主管部门批准，并依照有关法律、法规的规定办理相关手续。

第三十六条　在历史文化名城、名镇、名村保护范围内涉及文物保护的，应当执行文物保护法律、法规的规定。

## 第五章　法律责任

第三十七条　违反本条例规定，国务院建设主管部门、国务院文物主管部门和县级以上地方人民政府及其有关主管部门的工作人员，不履行监督管理职责，发现违法行为不予查处或者有其他滥用职权、玩忽职守、徇私舞弊行为，构成犯罪的，依法追究刑事责任；尚不构成犯罪的，依法给予处分。

第三十八条　违反本条例规定，地方人民政府有下列行为之一的，由上级人民政府责令改正，对直接负责的主管人员和其他直接责任人员，依法给予处分：

（一）未组织编制保护规划的；

（二）未按照法定程序组织编制保护规划的；

（三）擅自修改保护规划的；

（四）未将批准的保护规划予以公布的。

第三十九条　违反本条例规定，省、自治区、直辖市人民政府确定的保护主管部门或者城市、县人民政府城乡规划主管部门，未按照保护规划的要求或者未按照法定程序履行本条例第二十八条、第三十四条、第三十五条规定的审批职责的，由本级人民政府或者上级人民政府有关部门责令改正，通报批评；对直接负责的主管人员和其他直接责任人员，依法给予处分。

第四十条　违反本条例规定，城市、县人民政府因保护不力，导致已批准公布的历史文化名城、名镇、名村被列入濒危名单的，由上级人民政府通报批评；对直接负责的主管人员和其他直接责任人员，依法给予处分。

第四十一条　违反本条例规定，在历史文化名城、名镇、名村保护范围内有下列行为之一的,由城市、县人民政府城乡规划主管部门责令停止违法行为、限期恢复原状或者采取其他补救措施;有违法所得的,没收违法所得;逾期不恢复原状或者不采取其他补救措施的,城乡规划主管部门可以指定有能力的单位代为恢复原状或者采取其他补救措施,所需费用由违法者承担;造成严重后果的,对单位并处 50 万元以上 100 万元以下的罚款,对个人并处 5 万元以上 10 万元以下的罚款;造成损失的,依法承担赔偿责任:

(一)开山、采石、开矿等破坏传统格局和历史风貌的;

(二)占用保护规划确定保留的园林绿地、河湖水系、道路等的;

(三)修建生产、储存爆炸性、易燃性、放射性、毒害性、腐蚀性物品的工厂、仓库等的。

**第四十二条**　违反本条例规定,在历史建筑上刻划、涂污的,由城市、县人民政府城乡规划主管部门责令恢复原状或者采取其他补救措施,处 50 元的罚款。

**第四十三条**　违反本条例规定,未经城乡规划主管部门会同同级文物主管部门批准,有下列行为之一的,由城市、县人民政府城乡规划主管部门责令停止违法行为、限期恢复原状或者采取其他补救措施;有违法所得的,没收违法所得;逾期不恢复原状或者不采取其他补救措施的,城乡规划主管部门可以指定有能力的单位代为恢复原状或者采取其他补救措施,所需费用由违法者承担;造成严重后果的,对单位并处 5 万元以上 10 万元以下的罚款,对个人并处 1 万元以上 5 万元以下的罚款;造成损失的,依法承担赔偿责任:

(一)拆除历史建筑以外的建筑物、构筑物或者其他设施的;

(二)对历史建筑进行外部修缮装饰、添加设施以及改变历史建筑的结构或者使用性质的。

有关单位或者个人进行本条例第二十五条规定的活动,或者经批准进行本条第一款规定的活动,但是在活动过程中对传统格局、历史风貌或者历史建筑构成破坏性影响的,依照本条第一款规定予以处罚。

**第四十四条**　违反本条例规定,损坏或者擅自迁移、拆除历史建筑的,由城市、县人民政府城乡规划主管部门责令停止违法行为、限期恢复原状或者采取其他补救措施;有违法所得的,没收违法所得;逾期不恢复原状或者不采取其他补救措施的,城乡规划主管部门可以指定有能力的单位代为恢复原状或者采取其他补救措施,所需费用由违法者承担;造成严重后果的,对单位并处 20 万元以上 50 万元以下的罚款,对个人并处 10 万元以上 20 万元以下的罚款;造成损失的,依法承担赔偿责任。

第四十五条　违反本条例规定,擅自设置、移动、涂改或者损毁历史文化街区、名镇、名村标志牌的,由城市、县人民政府城乡规划主管部门责令限期改正;逾期不改正的,对单位处 1 万元以上 5 万元以下的罚款,对个人处 1000 元以上 1 万元以下的罚款。

第四十六条　违反本条例规定,对历史文化名城、名镇、名村中的文物造成损毁的,依照文物保护法律、法规的规定给予处罚;构成犯罪的,依法追究刑事责任。

## 第六章　附则

第四十七条　本条例下列用语的含义:

(一)历史建筑,是指经城市、县人民政府确定公布的具有一定保护价值,能够反映历史风貌和地方特色,未公布为文物保护单位,也未登记为不可移动文物的建筑物、构筑物。

(二)历史文化街区,是指经省、自治区、直辖市人民政府核定公布的保存文物特别丰富、历史建筑集中成片、能够较完整和真实地体现传统格局和历史风貌,并具有一定规模的区域。

历史文化街区保护的具体实施办法,由国务院建设主管部门会同国务院文物主管部门制定。

第四十八条　本条例自 2008 年 7 月 1 日起施行。

# 青岛市人民政府关于加强文化遗产保护的意见

(青政发〔2006〕33号　2006年8月28日)

各区、市人民政府,市政府各部门,市直各单位:

文化遗产是不可再生的珍贵资源。加强文化遗产保护,是建设社会主义先进文化,贯彻落实科学发展观和构建社会主义和谐社会的必然要求。为认真贯彻落实国务院《关于加强文化遗产保护的通知》(国发〔2005〕42号)精神,现就进一步加强我市文化遗产保护工作提出如下意见:

## 一、基本方针

(一)物质文化遗产保护要贯彻"保护为主、抢救第一、合理利用、加强管理"的方针;非物质文化遗产保护要贯彻"保护为主、抢救第一、合理利用、传承发展"的方针。坚持保护文化遗产的真实性和完整性,坚持依法和科学保护,正确处理经济社会发展与文化遗产保护的关系,统筹规划、分类指导、突出重点、分步实施。

## 二、总体目标

(二)按照国务院提出的关于加大文化遗产保护力度的要求,加快实施青岛市文化遗产保护工程。到2010年,形成较为完善的文化遗产保护体系和保护制度,建立文化遗产保护规划及保护名录;全市的文物保护与管理工作实现信息化、数据化、网络化;城市博物馆群达到规范化建设标准。各区市按国家要求,在文物管理方面做到"五纳入",确保全市具有历史、文化和科学价值的文遗产得到有效保护和利用。

## 三、实施文化遗产保护工程

（三）制定不可移动文物保护规划。要认真做好文物保护的"四有"工作（即有保护范围、标志、记录档案、保护组织）。全市文物保护部门要会同规划部门，进一步开展文物普查工作，按照《文物保护法》的规定，及时划定不可移动文物的保护范围和建设控制地带，设立和完善文物保护标志。对不可移动文物，要及时建立文物保护组织，层层签订保护协议书，制定和落实各项保护措施。各区市要定期检查本行政区域内不可移动文物的保护情况，及时公布文物保护单位和未核定的文物保护单位。

（四）切实抓好重点文物的保护修复工程。要统筹规划，确保完成青岛德国总督官邸旧址、平度天柱山摩崖石刻等一批文物保护重点工程；要在对市级文物保护单位进行全面普查的基础上，积极实施相关的抢救、保护与维修工程；要依法严格限制文物"复建"工程，禁止对文化遗产进行建设性破坏和拆除真文物修建假古董的行为，确保文物的真实性。要严格建设工程管理，落实文物保护工程队伍资质制度，确保工程建设质量标准。

（五）完善重大建设工程中的文物保护工作。严格执行重大建设工程项目审批、核准及备案制度。凡涉及文物保护事项的基本建设项目，必须依法在项目审批前征求文物行政主管部门的意见，在进行必要的考古勘探、发掘并落实文物保护措施后方可实施。基本建设项目中的考古发掘要充分考虑文物保护工作的实际需要，加强统一管理，落实审批和监督责任。切实做好重大遗址的考古研究、规划保护与利用工作。有关区市要以三里河、琅琊台、即墨故城及六曲山汉墓群等古文化遗址为重点，抓紧开展相关学术研究，并制定整体性保护利用规划。

（六）加强历史文化名城风貌保护。依据《文物保护法》、《青岛城市风貌管理规定》、《青岛历史文化名城保护规划》等法规，加强对历史文化名城风貌保护。政府各有关部门要明确职责，严把规划建设审批关，切实保护好历史文化名城的人文环境原貌。要结合最新进展，对原有历史文化名城保护规划进行修编，增补里院建筑，同时积极做好八大关建筑群、德式建筑、文化名人故居等重点文物的保护、研究与利用工作，争取尽快开放一批名人故居。

（七）加强博物馆规划、建设与管理工作。统筹规划并建设一批能够反映城市文化内涵与文化个性的专业博物馆,大力推进与海洋、建筑、奥运和工业文化遗产等主题相关的特色博物馆的规划与建设。加强对各博物馆藏品的登记、建档和安全等管理,落实藏品丢失、损毁追究责任制。实施馆藏文物信息化和保存环境达标建设,加大馆藏文物的科技保护力度。提高陈列展览的质量和水平,充分发挥馆藏文物的教育引导作用。坚持向未成年人等社会特殊群体减、免费开放,不断提高服务质量和水平。

（八）加强文物管理人才和专业技术人才的培养,努力造就一支人员精干、结构合理、素质优良的文物工作队伍。积极引进高素质的复合型、管理型人才以及急需专业人才,适应不断发展的文物管理和业务工作的需要。加强对文物工作者的培养、培训和继续教育,每年有计划地对全市从事文物工作人员进行培训,提高文物工作者的思想水平和业务素质。同时要充分利用社会资源,广泛吸纳相关学术机构、企事业单位、社会团体等各方面力量,共同参与文化遗产保护研究工作。

（九）积极推进非物质文化遗产保护。各区市要进一步做好本地区非物质文化遗产的普查、认定和登记工作,全面掌握非物质文化遗产资源的种类、数量、分布状况、生存环境、保护现状及其存在的问题,同时制定非物质文化遗产保护规划。在科学论证的基础上,抓紧制定国家和地区非物质文化遗产保护规划,明确保护范围,提出长远目标和近期工作任务。有条件的区市和单位可以建立非物质文化遗产资料库、博物馆或展示中心。

## 四、完善促进文化遗产保护的措施

（十）加大公共财政对文化遗产保护工作的支持力度。各区市政府要发挥公共财政的主导作用,将文物保护所需经费列入本级财政预算,加大对文物事业的经费投入和对公益性文物事业单位的扶持,使文物事业经费随着财政收入的增长而增加。对文物保护和文物库房、安全技防等基本建设项目,以及涉及历史文化名城、历史文化保护区和省、国家文化遗产等申报工作,要安排必要的专项经费予以支持。文物保护专项经费支出安排要坚持突出重点、专款专用原则,严格审计,加强管理,努力提高使用效益。

（十一）加强文化遗产保护的制度建设。认真贯彻落实《文物保护法》等法律法规,结合我市实际,制定有关的文化遗产保护规定,构建和完善我市文化遗产保护的制度体系。

(十二)加强文化遗产保护的执法力度。根据《文物保护法》的要求,制定文物保护单位和未核定为文物保护单位的不可移动文物的具体保护措施,并公告施行。加强我市文物执法力度,各区市要进一步充实文物执法队伍,按属地化管理的要求,将执法人员经费和财务管理等纳入县级财政全额预算管理。各级文物保护单位要分别设置专门机构或专人负责管理,建立专门的文物执法队伍体系。严厉打击破坏文化遗产的各类违法行为,重点追究因决策失误、玩忽职守而造成文化遗产破坏、被盗或流失的责任人的法律责任。坚决制止田野盗墓、擅自挖掘及破坏文物等行为。对构成犯罪的,及时移送司法部门。

(十三)进一步落实审批和监督责任。各级政府在制定城镇建设规划时,应当根据文物保护的需要,事先由城乡建设规划部门会同文物行政部门商定对本行政区域内各级文物保护单位的保护措施,并纳入规划;建设单位进行大型基本建设项目时,事先应当会同文物行政部门在工程范围内可能埋藏文物的地方,进行文物调查、勘探工作,确认无文物埋藏后,土地和城乡建设管理部门方可准许征地施工。凡因进行基本建设和生产建设需要的考古调查、勘探、发掘,所需费用由建设单位列入建设工程预算。要严格落实文物保护单位和历史优秀建筑的保护范围,严格执行建设控制地带内施工审批制度,抓好专家论证、社会公示以及社会各界意见征集等制度的落实。

## 五、加强对文化遗产保护的组织领导

(十四)各级政府要高度重视文化遗产的保护与管理工作,将其纳入各级政府的重要议事日程,纳入经济和社会发展规划。建立文物保护工作目标责任制,把文物工作列入创建文明城市、文明单位、文明村镇等相关评价体系。不断加大文化遗产保护工作的经费投入。市财政安排专项资金,支持市级文化遗产的保护和研究工作;各区市要相应地设立专项资金,切实把本辖区内的文物保护好、利用好、管理好。为加强对文化遗产保护工作的协调与指导,成立青岛市文化遗产保护管理委员会(名单附后),委员会办公室设在市文物局;各区市可以根据实际,成立本地区的文物保护协调指导机构,通过建立文化遗产保护定期通报制度、专家咨询制度以及公众和舆论监督等机制,推进文化遗产保护工作的科学化、民主化。

（十五）各级建设、公安、工商、海关及城市管理行政执法等部门，要按照法律法规的要求，加强与文物等相关行政管理部门的密切配合，切实履行好本部门职责，积极做好文物保护管理工作。风景名胜区内以及作为宗教活动场所使用的文物保护单位，其使用和管理单位应依法做好文物保护工作，主动接受文物等行政管理部门的指导和监督。

# 青岛历史文化名城保护规划(2011～2020 年)

## 总则

**第 1 条** 青岛是国家历史文化名城,是现代城市规划思想和理论在中国最早的实践地之一,具有"山、海、岛、城"一体的城市特色,在近代城市建设史上有着重要地位。

**第 2 条** 为进一步保护城市的历史风貌和城市特色,传承历史文化遗产,从战略层面协调历史文化名城保护与城市发展的关系,统筹安排保护和建设活动,在历版保护规划基础上,编制新版《青岛历史文化名城保护规划》(以下简称本规划)。本规划范围内的各项建设活动,在遵循《青岛市城市总体规划(2011～2020)》(以下简称总体规划)的同时,必须符合本规划的规定和要求。

**第 3 条** 规划范围与城市总体规划范围一致,为青岛市行政区范围,包括市南区、市北区、李沧区、崂山区、城阳区、黄岛区、胶州市、即墨市、莱西市和平度市,陆域面积 11282 平方公里,海域面积 12240 平方公里。

**第 4 条** 本规划期限为 2011 至 2020 年。

### 第一章 保护原则和保护目标

**第 5 条 保护原则**

1.全面保护原则

拓展历史文化名城保护对象和内涵,强调保护对象类型的全面性。

2.真实保护原则

正确理解历史文化遗产的价值,保护历史文化信息的真实载体。

3.完整保护原则

把历史文化遗产及其所依托的环境作为有机整体予以保护。

4.合理利用、永续利用

在保护的基础上强调历史文化遗产的合理使用、展示、传承和复兴。

**第6条 保护目标**

整体保护青岛"山、海、岛、城"融为一体的城市空间格局,全面保护各个时期的历史文化遗存,提高依法保护历史文化遗产的意识,深入挖掘历史文化内涵,充分弘扬青岛的海洋文化特色,在城市规划建设中延续青岛独具特色的城市风貌。

## 第二章 名城价值特色与总体保护框架

**第7条 名城价值**

1.古代文明、海上探险的发源地,重要的商贸港

2.中国东部沿海重要的海防军事要塞

3.中国近现代重要的工商业城市、海陆交通枢纽城市

4.中国近代重要历史事件的发生地

5.现代城市规划理论、土地政策、建筑法规在中国的早期实践地

6."海陆交融、继往开来"的多元城市文化

**第8条 名城特色**

1.市域呈现"三山、三水、三湾、一带"的整体自然环境格局;胶州湾区域"两山、一湾、多河"自然格局,是近代青岛城市区域选址的自然基础。

2.历史城区东部和北部有群山作为屏障,南面是海湾、半岛,原始地形自然划分了城市功能区。

3.历史城区"山、海、岛、城"融为一体,自然环境与人工环境和谐相容;在现代城市规划理论指导下,城市建设一脉相承,具有统一性、整体性,城市空间顺应自然环境,功能组团轴向发展,布局清晰。

4.13个历史文化街区连绵分布于南部滨海区域。各个街区既完整统一,又有鲜明的空间特征,由于所在区域和历史功能的不同,具有不同的历史价值,

呈现不同的风貌特色。

5.大量历史建筑设计考究、建造精美,结合了当时国内外的建筑思潮、流行风格和元素,对青岛城市风貌特色起着主导作用。大门、围墙、铺地、石阶、井盖、排水沟渠、桥梁、驳岸等与历史建筑紧密相关的环境要素,是历史环境的重要组成部分。

**第 9 条 保护框架**

以市域为文化背景,以历史城区为规划重点,建立历史文化名城(包括整体自然环境格局、历史城区格局等)、历史文化街区(包括历史文化街区、历史文化名镇名村、传统村落、工业遗产厂区等)和文物古迹保护点[包括文物保护单位、历史建筑、传统风貌建筑、名人故居、军事建(构)筑物等]三个层次的保护框架,包括物质与非物质文化遗产。

**第 10 条 保护内容**

保护内容由自然环境、历史城区、历史文化街区、文物保护单位、历史建筑和传统风貌建筑、工业遗产、地下文物埋藏区和大遗址、历史文化名镇名村、传统村落、名人故居、军事建(构)筑物、非物质文化遗产等构成。

## 第三章 市域历史文化遗产保护

**第 11 条 市域历史文化遗产保护内容**

市域历史文化遗产保护的主要内容包括:山体、水体、岸线、海岛、风景名胜区、自然保护区、森林公园和古树名木等构成的整体自然环境;大沽河、东南沿海、胶莱运河、齐长城遗址、胶济铁路等五条线性文化景观;历史文化名镇名村、传统村落;地下文物埋藏区、大遗址等。

**第 12 条 整体山水格局保护**

保护市域"三山、三水、三湾、一带"的整体山水格局,保护与山体、河流、海岸线等自然要素密切相关的古遗址、古村落;系统挖掘和保护沿大沽河、胶莱运河、东南沿海等分布的历史文化遗产组成的文化景观。保护中心城区"两山、一湾、多河"的自然环境格局,重点保护历史城区顺应地形、依山就势、"山、海、岛、城"融为一体的整体城市风貌,保护沿胶济铁路线分布的工业遗产带,保护东岸城区南部沿海连续分布的历史文化街区。

**第 13 条　线性文化景观保护**

大沽河文化景观是以大沽河及其流域为依托,由沿河分布的类型丰富的遗产组成,主要包括:史前东夷文化遗产,古城文化遗产,半岛古港文化遗产,古运河文化遗产和红色文化遗产。系统整理、研究并保护大沽河文化景观,在保护大沽河流域整体生态环境的基础上,保护大沽河沿线古城、古镇、古港、古建筑、古遗址等各类历史文化遗产,寻求历史文化保护与当代文化、经济、社会、生态文明紧密结合的发展方式。

东南沿海文化景观由海岸线、山体、海湾等自然资源和沿岸各类历史文化遗产共同构成。北起北阡遗址,经丁字湾、鳌山湾、崂山湾至历史城区,环胶州湾经灵山湾抵琅琊湾,止于甲旺墩遗址。深入研究东南沿海历史文化遗产分布与海洋文化脉络发展演变的时空关系,在保护沿线自然资源的基础上,充分挖掘线性文化景观的整体性价值,研究总体保护、展示和利用的具体措施。

胶莱运河文化景观由胶莱运河古航道及沿岸的自然要素、古桥、水闸等历史遗迹,及沿岸村庄、农田等构成。在系统性保护胶莱运河沿岸生态环境和沿线各类历史文化遗产的前提下,发挥胶莱运河对山东半岛两翼文化互动发展的纽带作用。

齐长城文化景观自济南长清县至青岛黄岛区,由齐长城城墙及沿线的关隘、便门、城堡及兵营等遗址遗迹构成。按照《保护世界文化与自然遗产公约》、《长城保护条例》的要求,保护齐长城遗址。与齐长城沿线其他城市积极合作,推进修缮工程实施开展,充分展示齐长城文化价值。

胶济铁路文化景观包括胶济铁路及其沿线的历史城镇、铁路站房与铁路设施、工业遗产等。深入研究、科学评价山东胶济铁路文化景观的综合价值,与胶济铁路沿线其他城市积极合作,系统保护铁路沿线各类历史文化遗产,充分展示其丰富的历史文化内涵。

**第 14 条　历史文化名镇名村保护**

按照《历史文化名城名镇名村保护条例》等相关规定,保护山东省历史文化名镇金口镇,中国历史文化名村雄崖所村。单独编制保护规划,划定保护范围,明确保护要求,制定保护措施。继续做好历史文化名镇名村的普查和申报工作。

**第 15 条　传统村落保护**

保护中国传统村落雄崖所村、青山村、凤凰村,山东省传统村落西寺村、李家周疃村、西三都河村。各级传统村落按照相关法规进行保护,单独编制保护规划,在保护规划中划定保护界线,制定保护措施。

按照传统村落的保护要求,保护金口村、宫家泽口村。继续做好传统村落的挖掘、保护与申报工作。

在新农村规划建设中,应尊重地域习俗、挖掘历史文化内涵,延续传统风貌,科学处理保护与发展的关系。

保护和延续历史文化名镇名村和传统村落的传统格局和历史风貌,改善村镇的交通条件与基础设施,采用多种方式传承历史文化信息,鼓励适度展示利用。

**第 16 条 地下文物埋藏区和大遗址保护**

保护黄岛区琅琊、胶州市里岔—普集、即墨市王村、平度市古岘、莱西市沽河 5 片地下文物埋藏区。

保护即墨故城—六曲山墓群遗址、琅琊台遗址、三里河遗址、西皇姑庵遗址、赵家庄遗址、东岳石遗址、西沙埠遗址、祓国都城遗址等大遗址,继续做好大遗址的申报、公布工作。

**第 17 条 市域各市历史文化遗产保护**

1.即墨市

保护北阡遗址等 75 处文物保护单位,保护卧牛山战役纪念地等 3 处军事建(构)筑物,保护工业遗产即墨黄酒厂;保护金口镇、雄崖所村、金口村、李家周疃村、凤凰村等 5 处历史文化名镇名村和传统村落;保护马山国家级自然保护区;保护秃尾巴老李传说、柳腔等 9 项非物质文化遗产。

2.胶州市

保护三里河遗址等 87 处文物保护单位;保护艾山风景名胜区和自然保护区、三里河风景名胜区;保护胶州秧歌、茂腔等 5 项非物质文化遗产。

3.平度市

保护天柱山摩崖石刻等 66 处文物保护单位,保护东连戈庄村天主教堂等 19 处传统风貌建筑;保护大泽山风景名胜区和自然保护区;保护柳腔等 7 项非物质文化遗产。

4.莱西市

保护西沙埠遗址等 50 处文物保护单位,保护宫氏宅第旧址等 2 处传统风貌建筑,保护军事构筑物宫山石圩子,保护工业遗产南墅石墨矿;保护西三都河村、宫家泽口村2处传统村落;保护大青山森林公园;保护莱西秧歌等6项非物质文化遗产。

## 第四章　中心城区历史文化遗产保护

### 第18条　保护内容

保护中心城区"两山、一湾、多河"的山海格局;保护28平方公里历史城区;保护13片历史文化街区;保护青岛德国建筑群等180处文物保护单位,保护210处历史建筑和1535处传统风貌建筑;保护青岛啤酒厂等17处工业遗产;保护崂山风景名胜区等6处风景名胜区、自然保护区和森林公园;保护中国传统村落青山村,保护山东省传统村落西寺村;保护崂山道教音乐等21项非物质文化遗产。

### 第19条　自然环境保护

保护中心城区"两山、一湾、多河"的自然环境格局。"两山"是指东部崂山、西部小珠山;"一湾"是指胶州湾及两翼岸线;"多河"是指大沽河、墨水河、白沙河、祥茂河、娄山河、李村河、海泊河等多条汇入到胶州湾的河流。

### 第20条　功能布局与用地调整

引导中心城区向"三城联动、组团布局"的海湾集合型城市结构发展,在中心城区范围内统筹新区建设与历史城区保护的关系,调整不符合历史城区发展的工业仓储、大型商业等功能,除邮轮母港周边区外,其他区域不再增加居住人口。

中心城区内老企业搬迁过程中,注重各类工业遗产的保护。积极利用搬迁后遗留的老厂区、老厂房和其他有价值的设施,优先改造为能够提升中心城区功能品质的各类文化展览设施、公共服务设施,或其他能体现工业遗产空间特色和历史价值内涵的特色商业、创意产业等。

历史城区以传统商业、文化、旅游、公共服务、居住功能为主,发展与历史文化保护相适应的特色产业,保持历史城区的活力。

历史城区内控制建设强度、建筑高度和体量,缓解历史城区的建设和交通压力。历史城区周边建筑高度控制应符合视线通廊和城市设计的要求,与历史城区风貌相协调,与山海环境相协调。

**第 21 条　城市风貌保护**

突出在海洋文化下整体风貌和特色品质的建设与控制,加强城市设计和管理,新区建设应传承青岛历史文化脉络、延续传统风貌特色。以胶州湾为生态核心、大沽河为生态中轴,以崂山、小珠山等生态山系为绿色屏障,以白沙河、墨水河、洋河等主要河流为绿色生态间隔,塑造"东岸、西岸、北岸"三城各具特色的城市风貌。

**第 22 条　各区历史文化遗产保护**

1.市南区

保护崂山余脉在南部滨海形成的丘陵地形;保护青岛德国建筑群等 71 处文物保护单位,保护 183 处历史建筑和 973 处传统风貌建筑,保护湛山炮台旧址等 10 处军事建(构)筑物;保护工业遗产青岛葡萄酒厂原址;保护崂山风景名胜区前海海滨游览景区;保护非物质文化遗产天后宫新正民俗文化庙会。

2.市北区

保护青岛啤酒厂早期建筑等 15 处文物保护单位,保护 27 处历史建筑和 556 处传统风貌建筑,保护毛奇兵营等 5 处军事建(构)筑物;保护青岛啤酒厂等 15 处工业遗产;保护海云庵糖球会等 3 项非物质文化遗产。

3.崂山区

保护崂山山脉;保护崂山道教建筑群等 55 处文物保护单位;保护崂山核心风景名胜区、崂山自然保护区、崂山森林公园;保护中国传统村落青山村;保护崂山道教音乐等 8 项非物质文化遗产。

4.李沧区

保护仙姑塔等 18 处文物保护单位,保护 2 处传统风貌建筑,保护卡子门旧址等 3 处军事建(构)筑物;保护工业遗产国棉六厂(钟渊纱厂旧址);保护李村大集、查拳等 4 项非物质文化遗产。

5.城阳区

保护城子遗址等 16 处文物保护单位,保护 3 处传统风貌建筑;保护非物质文化遗产傅士古短拳、胡峄阳传说。

6.黄岛区

保护大珠山—小珠山山脉;保护齐长城遗址等 64 处文物保护单位,保护 2 处传统风貌建筑;保护古镇口炮台遗址等 5 处军事建(构)筑物;保护崂山风景名胜区、薛家岛风景名胜区、珠山国家森林公园、灵山湾森林公园、灵山岛自然保护区、文昌鱼野生动物自然保护区;保护山东省传统村落西寺村;保护琅琊台传说等 7 项非物质文化遗产。

## 第五章　历史城区保护与复兴

### 第 23 条　保护范围

延续 1995 版《青岛市城市总体规划》与 2002 版《青岛历史文化名城保护规划》中划定的历史城区保护范围。具体范围:东沿延安三路至长春路、威海路,北至海泊河,西、南至海岸线,总面积约 28 平方公里。

### 第 24 条　总体保护内容

保护历史城区的整体格局、历史风貌道路、天际轮廓线、眺望视域、景观视廊与道路对景等;根据历史城区的格局与风貌特色,划分高度分区,严格控制历史城区内新建建筑高度,实现历史城区整体空间格局的系统保护;在整体保护的基础上,通过调整用地功能,完善基础设施,研究制定科学合理的保护与实施策略,推动历史城区逐步实现全面复兴。

### 第 25 条　整体格局与城市风貌保护

整体保护青岛历史城区"山、海、岛、城"融为一体,自然环境与人文环境和谐相容的总体格局。

保护历史城区内八关山、伏龙山、观象山、小鱼山、信号山、观海山、团岛山、贮水山、青岛山、太平山等低山丘陵,太平角、汇泉角等岬角,青岛湾、汇泉湾等海湾,共同构成的"山脊海角相连、低谷海滩相接"的滨海丘陵地貌。保护丘陵地形地貌的完整性,保护历史要素与山体地形的组合关系。

保护依托自然地形形成的整体路网格局,具体包括:观海山南侧、火车站东北侧和大港东南侧的放射型路网格局;观海山、观象山、鱼山等山体周边的环山型路网骨架;南部滨海区域的太平路、莱阳路、南海路等滨水型路网格局;四方路、台东、台西等区域的棋盘型路网格局。

保护历史城区历史风貌道路、天际轮廓线、眺望视域、景观视廊与道路对景、历史文化街区与建筑空间肌理、整体色彩、历史环境要素等。

### 第 26 条　历史城区高度控制分区

历史城区内建设高度分为严格控制区、重点控制区、一般控制区三类区域进行全面控制。

1.严格控制区

包括文物保护单位的保护范围（含建设控制地带），历史文化街区、历史建筑和传统风貌建筑的保护范围（含建设控制地带）。

严格控制区内维持原有建设高度，新建建筑高度应与历史风貌相协调，禁止新建高层建筑。

2.重点控制区

重点控制山体周边、眺望视域控制区和特殊肌理区域的建筑高度。重点控制区内整体以多层建筑为主，如需建设高层建筑，应在全面考虑山体、天际轮廓线、眺望视域等保护要求的前提下，进行充分论证，慎重确定建设高度。

3.一般控制区

历史城区严格控制区、重点控制区以外区域，建筑高度应满足各个观景点与观景对象之间视线通廊、眺望视域控制要求，保护历史城区天际轮廓线与山体轮廓线，以及山、海、城整体景观控制要求，同时考虑历史城区交通、市政设施承载力，在各片区控制性详细规划中确定建筑高度。

**第 27 条　历史城区发展目标**

统筹考虑历史文化遗产保护与旧城更新的关系，结合老港区功能转型，逐步复兴历史城区，建设具有历史风貌特色和传统文化内涵的城市功能区，成为青岛市以文化休闲、旅游服务、交通集散功能为主的城市副中心。

**第 28 条　历史城区发展策略**

1.从"就地平衡"向"区域统筹"转变，采取"政府主导，小规模渐进更新"的模式。改变现行"就地平衡"的旧改模式，在中心城区范围内协调新区建设与历史城区保护的关系。

2.控制与引导、保护与利用相结合。严格控制历史城区的开发强度和建筑容量，以"疏解人口、优化功能、完善配套、提升品质"为原则，指导历史城区内的城市更新，更新过程中，首先考虑应保护建筑和传统风貌的保护与功能提升需求，利用部分应保护建筑，置换成为精品商业、文化旅游、休闲办公功能。

3.调整不符合历史城区发展的城市功能，鼓励适合历史城区空间特色的公共服务、文化旅游等城市功能；腾挪影响文保单位、历史建筑保护的使用功能，支持、引导向适合其空间特色和文化内涵的功能转化。同时加快特色街区建設,提升歷史街區和歷史建築功能。

4.整合歷史文化空間,將分散的歷史文化遺產、零散的歷史文脈和文化線索融合到現代城市空間和景觀體系中,建構歷史文化展示網絡,全面彰顯歷史文化氛圍。

5.完善相關法規、政策、機構建設,規範建設和管理行為,實現依法保護、可持續保護。為歷史文化街區保護制定切實可行的政策、資金、機制保障,建立健全街區的保護、管理、運營機構,調動社會各界保護的積極性。

**第 29 條　歷史城區功能調整**

1.南部濱海區域

具體包括八大峽單元、費縣路單元、雲南路單元、觀海山街區、信號山街區、魚山街區、八關山街區、八大關街區等。

用地佈局中,不再增加大型商業服務設施;區域內閒置用地優先安排綠地、停車設施或公共服務設施;南部濱海的部分歷史建築,逐步置換為文化、休閒、餐飲等功能,不斷完善濱海區域旅遊配套設施;串聯整合歷史文化資源,將集中在濱海區域的遊客活動向腹地街區延伸,通過系列主題遊的方式實現深度遊,打造濱海旅遊文化長廊。

2.膠州灣東海岸區域

具體包括南中北島單元、小港單元、大港單元。

優化濱海景觀系統,貫通團島至大港濱海綠道,延伸濱海步行道至膠州灣東岸;結合團島、南中北島等區域改造,增加公共空間;利用大港老港區整體轉型契機,建設郵輪母港,同時發展國際商務、旅遊休閒、海上文化娛樂、濱水居住等功能,為歷史城區的活力復興提供新動力。

3.中部商業服務軸

具體包括中山路街區、四方路街區、館陶路單元、長山路單元、遼寧路單元、華陽路單元、台東單元、登州路單元、延安三路單元、湛山單元。

中山路、四方路周邊區域,結合青島灣改造,選擇合適區域,結合應保護建築的改造和利用,配套完善旅遊服務設施,打造中山路旅遊綜合服務中心,復興文化、旅遊、服務功能;遼寧路周邊區域,為電子科技街配套各類餐飲、娛樂設施,華陽路區域依托昌樂路文化街、1919 創意產業園打造以商貿市場為主導的商貿中心;登州路周邊以休閒餐飲、產業博覽等功能為主,突出青島的啤酒、紡织等产业文化。

4.伏龙山、贮水山、青岛山围合片区

延续居住功能,整治居住环境,实施绿化美化工程,原则上不再增加建设量,利用现有历史建筑,置换为生活服务设施,提升社区品质。

5.太平山区域

保护太平山生态绿肺,规划完善环山绿道和上山步道,提升公园配套服务设施水平。

**第30条 历史城区交通优化**

优先发展公共交通。重点提高中山路、四方路、观海山、馆陶路等公共功能历史文化街区公交出行比例;历史街区内禁止新建高架道路、立交桥等大流量交通设施,减少过境交通对历史文化街区的影响。

实施交通管制。建议围绕中山路规划步行街区;南部滨海区域限制机动车通行。

探索适合历史城区的停车方式,在历史文化街区外鼓励设置停车楼、地下停车场等多样化停车设施,适度采用路内停车。

# 第六章 历史文化街区保护

**第31条 保护原则**

保护历史遗存的真实性,保护历史信息的真实载体;保护历史风貌的完整性,保护街区的空间环境;维持社会生活的延续性,继承文化传统,改善基础设施和居住环境,保持街区活力。

**第32条 保护范围**

13片历史文化街区紫线范围总面积1363.8公顷。其中,街区核心保护范围总面积689.5公顷;考虑到青岛历史文化街区连绵分布的特征,在其外围划定整体建设控制地带,面积为674.3公顷。

**第33条 核心保护范围保护要求**

保护历史文化街区的空间格局和风貌特色,整体保护街区内的自然地形、街巷道路、空间尺度、保护性建筑、院落空间、视线通廊与道路对景点等保护要素,延续街区的空间肌理和社会生活结构。

以街坊、院落为单元逐步推进街区的保护与更新,逐步调整不合理的土地使用功能,改善基础设施和居住条件,综合整治环境,完善公共服务设施配套,增加公共活动空间,优化街区功能,提升街区活力。

注意保护街巷肌理,对现状建筑进行维修、加固,整治建筑立面和院落环境,逐步整治或改造现有的与历史风貌不协调的建筑,恢复街区的历史空间格局和环境。

### 第 34 条　建设控制地带保护要求

历史文化街区建设控制地带内的新建、改建建筑在高度、体量、色彩等方面应与街区的历史风貌相协调,避免大拆大建。

保护太平山自然地形地貌、绿化植被,不得开山采石;控制太平山周边、团岛至中山路滨海区域的建筑高度,保护历史城区南部滨海轮廓线。

### 第 35 条　建(构)筑物保护与更新

历史文化街区保护范围内的建(构)筑物实行分类保护,按照保护等级和综合价值评估,分别采取修缮、维修、改善、整修、保留、整治、拆除等方式进行保护与更新。

街区内各类应保护建筑按照文物保护单位、历史建筑和传统风貌建筑章节中保护要求进行保护和修缮,各街区内的传统风貌建筑在街区保护规划中予以核查校准;与街区历史风貌相协调的其他建筑,可以保留;与传统风貌不协调的建筑,应采取整治或改造等措施,使其风貌协调;严重影响格局和风貌且质量很差的建筑应拆除。

### 第 36 条　中山路历史文化街区保护

街区核心保护范围西以泰安路、河南路为界,北至大沽路、德县路、济宁路,东至安徽路,南至海边。总面积约为 41.7 公顷。

保护本街区内现存的 29 处文物保护单位,13 处历史建筑,79 处传统风貌建筑;保护以中山路为轴的棋盘式道路格局;保护中山路、太平路、浙江路、安徽路四条历史风貌道路,严禁道路拓宽,保持现有街道空间尺度,保持沿街建筑界面的连续性和贴线率;保护 8 处视廊与对景。

延续中山路历史文化街区的市级商业中心地位,主要发展商业、金融、休闲娱乐、旅游服务等功能,增加精品购物、特色餐饮、现代化办公、酒店旅社等功能。将街区作为旅游目的地,提高城市公共交通的可达性,街区内部进行交通管制,创造适宜的慢行交通环境。

### 第 37 条　馆陶路历史文化街区保护

街区核心保护范围西至莱州路、堂邑路,北至莱州路,东至陵县路、招远路、旅顺路,南抵市场一路、市场二路、吴淞路。总面积约为 17.3 公顷。

保护街区内现存的 10 处文物保护单位,2 处历史建筑,71 处传统风貌建筑;保护以馆陶路为中轴的道路格局;保护馆陶路、宁波路、陵县路 3 条历史风貌道路,保持现有建筑界面的连续性和贴线率;保护 2 处视廊与对景。

馆陶路沿线以休闲娱乐、旅游服务、金融办公为主导功能。宁波、上海路、招远路周边区域逐步疏散人口,改善居住环境。积极保护、合理利用青岛取引所旧址,将其改造为展览展示、文艺演出场馆等公共服务设施。

### 第 38 条　上海路—武定路历史文化街区保护

街区核心保护范围西以陵县路、聊城路为界,北至宁波路,东沿武定、上海路,南至夏津路。总面积约为 8.8 公顷。

保护街区内 1 处文物保护单位,9 处历史建筑,173 处传统风貌建筑;保护街区棋盘式道路格局;保护甘肃路、宁波路、上海路、上海支路、武定路、临清路、清平路 7 条历史风貌道路。

街区以居住和小型商业为主导功能。上海支路以东区域,结合保护性建筑的修缮、改善,适当发展特色商业、小型餐饮功能;吴淞路以北区域,以里院建筑环境整治为主。

### 第 39 条　八大关、汇泉角、太平角历史文化街区保护

街区核心保护范围与八大关近代建筑群全国重点文物保护单位保护范围一致;具体范围西以荣成路西侧建筑西院墙、汇泉路为界,北至香港路、太平角四路、郾阳路,东至太平角六路、岳阳路,南至海岸线。总面积约为 179.1 公顷。

八大关近代建筑群为全国重点文物保护单位,其保护与利用严格按照《青岛八大关近代建筑文物保护规划》和国家、省、市法律法规相关要求执行。

街区延续高端居住和休疗养功能,鼓励发展小而精的特色商业、咨询业、文化产业、休闲文化产业等功能;通过置换产权等方式,开放太平角、汇泉角两处岬角作为公共空间,成为滨海步行道的节点。

### 第 40 条　鱼山历史文化街区保护

街区核心保护范围西至大学路,北至鱼山路、福山路,东至福山支路,南至海岸线。总面积约为 62.8 公顷。

重点保护鱼山历史文化街区内现存的12处文物保护单位，32处历史建筑，129处传统风貌建筑；保护依山就势的道路格局和福山路、莱阳路、金口一路、金口二路、金口三路、鱼山路、福山支路7条历史风貌道路；保护“大学路—小青岛灯塔”视廊与对景；加强对小鱼山公园、鲁迅公园、小青岛公园的管理，绿线内禁止建设与公园保护管理无关的项目。

将琴屿路南侧用地作为海军博物馆、小青岛的滨海入口广场空间。贯通青岛湾沿线滨海空间，延续滨海步行道至鲁迅公园、小青岛公园。置换阿里文旧居现状的居住功能，结合小鱼山次入口整体改造，作为社区公共服务设施与公共活动空间。

**第41条　八关山历史文化街区保护**

街区核心保护范围西以大学路为界，北至红岛路、齐河路、王村路、延安路、柞山路、香港西路，东沿荣成路西侧建筑西院墙，南至鱼山路、福山路、福山支路、海岸线。总面积约为115公顷。

保护街区内现存的12处文物保护单位，38处历史建筑，78处传统风貌建筑；保护顺应八关山地形、海水浴场岸线形成的环山、滨海自由式路网格局；保护莱阳路、南海路、延安一路、栖霞路、王村路、齐河路、福山路、福山支路、鱼山路、大学路10条历史风貌道路；保护2条视廊与对景。

保持街区现状科教、文化、体育、旅游服务等功能。推动福山路、福山支路两侧名人故居建筑的改造与利用，鼓励名人故居相邻建筑功能向旅游服务业发展，继续提升名人故居一条街的功能活力。

**第42条　观海山历史文化街区保护**

街区核心保护范围西以安徽路为界，北至安徽路、黄岛路、平原路，东沿江苏路，南至海岸线。总面积约为34.3公顷。

重点保护街区内12处文物保护单位，19处历史建筑，138处传统风貌建筑；保护观海山街区北高南低的自然地形；保护太平路、广西路、湖南路、明水路、沂水路、德县路、观海一路、观海二路、平原路、安徽路、江苏路11条历史风貌道路；保护9处视廊与对景；加强观海山公园的绿地管理，完善公园建设。

规划重点整治山东路矿公司旧址和德华银行旧址所在院落，建议作为城市或社区级文化艺术中心，或作为青岛近代银行业历史、近代铁路建设历史相关的展览、研究、档案管理综合机构。

**第43条 信号山历史文化街区保护**

街区核心保护范围西以江苏路、齐东路西侧院落西院墙、丹东路为界,北至伏龙路、松江路、兴安路,东沿兴安路、登州路、大学路,南至海边。总面积约为84.1公顷。

重点保护信号山历史文化街区内现存的10处文物保护单位,74处历史建筑,315处传统风貌建筑;保护依山就势的环形道路格局;保护湖南路、广西路、江苏路、太平路、龙口路、大学路、黄县路、黄县支路、龙江路、信号山路、掖县路、齐东路、嫩江路、辽北路、登州路、莱芜二路、兴安路、华山路、龙山路、恒山路20条历史风貌道路,严禁道路拓宽,保持现有街道空间尺度;东方饭店近期保留,若未来改建、重建,与周边历史风貌相协调;信号山北侧建筑不得突破山体轮廓线。

大学路、太平路、江苏路沿线鼓励发展旅游服务设施,引导保护性建筑向小型商业设施、文化设施转变,其他区域保留居住功能;结合保护性建筑改造进一步完善街区内公共设施配套;完善信号山步行通道,增加山体北侧的绿化,提升信号山公园的景观品质。

**第44条 观象山历史文化街区保护**

街区核心保护范围西以济宁路、平原路为界,北至福建路、胶宁快速路,东沿江苏路。总面积约为22.4公顷。

重点保护观象山历史文化街区内现存的6处文物保护单位,2处历史建筑,81处传统风貌建筑;保护依山就势的环形道路格局以及街区北高南低的自然地形;保护平原路、观象二路、江苏路3条历史风貌道路,严禁道路拓宽;保护3处视廊与对景;观象山山头和青岛大学医学院门口开放空间禁止建设。

延续观象山街区居住功能,观象山西侧、平原路东侧区域通过拆除搭建,整治院落,加强步行通道联系,提高综合环境水平,提升街区品质。

**第45条 黄台路历史文化街区保护**

街区核心保护范围西至无棣二路,北沿贮水山路,东至大连路,南至黄台路南侧院落南院墙。总面积约为7.2公顷。

重点保护黄台路历史文化街区内现存的5处文物保护单位,10处历史建筑,74处传统风貌建筑;保护顺应贮水山地形建设的贮水山路、黄台路2条自由式历史风貌道路。

延续历史居住功能,沿黄台路特色绿化廊道,增加小型绿地和活动场地,形成景观环境节点,整合公共空间,提升街区总体价值,发展精品居住功能。

**第 46 条　无棣路历史文化街区保护**

街区核心保护范围西以江苏路、热河路为界,北至无棣一路、无棣二路、无棣四路,东至莱芜一路、无棣四路。总面积约为 15 公顷。

保护街区内现存的 1 处文物保护单位,141 处传统风貌建筑;保护观象山、伏龙山等山谷区域沿等高线建设的路网格局;保护江苏路、苏州路、莱芜一路、无棣三路 4 条历史风貌保护道路;保护胶州路观圣保罗教堂的视廊与对景。

延续街区居住主导功能,建议将港务局宿舍改造为青年旅社、老年公寓等设施。加强苏州路、无棣一路绿道系统建设,增加沿路公共空间,与黄台路、登州路、丹东路、齐东路绿道串联。

**第 47 条　四方路历史文化街区保护**

街区核心保护范围西以济南路为界,北至胶宁高架路,东沿聊城路、禹城路、济宁路、安徽路,南至德县路、保定路、大沽路。总面积约为 42.1 公顷。

保护本街区内现存的 10 处文物保护单位,6 处历史建筑,217 处传统风貌建筑;保护棋盘式道路格局;保护中山路、李村路、即墨路、高密路、海泊路、四方路、黄岛路、济宁路、平度路、博山路、潍县路、易州路、芝罘路、德县路、安徽路共15 条历史风貌道路;保护街区特有的里院建筑群;胶州路两侧高层建筑近期可以保留,未来逐步改造、拆除。

街区着重发展小尺度精品特色商业,增加休闲娱乐、创意文化产业、旅游服务等功能。对于广兴里、博山路 9 号等保存完整的传统风貌建筑,应原样修复;胶州路以南的保护性建筑,以外立面整治为主,内部进行局部或整体改造。

**第 48 条　奥帆中心历史文化街区保护**

街区核心保护范围西以澳门路为界,北至东海路,东沿增城路,南至海岸线。总面积约为 59.7 公顷。

奥帆中心为市级文物保护单位,其保护和利用严格按照《青岛奥林匹克帆船中心文物保护专项规划》和国家、省、市法律法规相关要求执行。

运动员中心、奥运村、行政与比赛管理中心在现状功能的基础上,在建筑内部独立开放空间作为其奥运期间功能的展示区;加强浮码头、单吊臂、下水坡道等设施的维护和利用,作为滨水景观节点,打造滨水游憩空间;开放燕儿岛山、疏通燕儿岛山隧道,恢复 4 号门通行。

## 第七章　文物保护单位保护

### 第 49 条　保护内容

市域各级文物保护单位 515 处,包括全国重点文物保护单位 18 处(保护点 53 个),省级文物保护单位 55 处(保护点 77 个),市级文物保护单位 85 处(保护点 85 个),区市级文物保护单位 357 处(保护点 357 个)。另外,三普新发现的其他不可移动文物 63 处(保护点 70 个)。

### 第 50 条　保护区划

文物保护单位应编制保护图则,划定保护范围和建设控制地带。各级文物保护单位的保护范围和建设控制地带的界线,以各级人民政府公布的为准。

### 第 51 条　保护要求

文物保护单位的保护范围和建设控制地带内,一切修缮和新建行为必须严格按照《中华人民共和国文物保护法》和《山东省文物保护条例》执行。

文物保护单位的保护范围内不得进行其他建设工程,现有影响文物风貌的建(构)筑物,必须拆除,并进行综合环境整治。文物保护单位建设控制地带内各类建设工程不得破坏文物保护单位的历史风貌。

## 第八章　历史建筑和传统风貌建筑保护

### 第 52 条　历史建筑保护

保护 210 处历史建筑,继续推进历史建筑的建档和公布工作。

历史建筑应划定保护范围和建设控制地带的界线,具体界线以各级人民政府公布的为准。

历史建筑应设立保护标志,建立保护档案,编制保护图则,明确具体保护内容。历史建筑应当保持原有的体量、外观、色彩、结构和室内有价值的部件。加强对历史建筑的保护修缮,拆除不协调添加物和改变立面的装饰物,在不改变原有结构和外立面的前提下可增加必要的采暖、厨卫等生活必需设施。

历史建筑保护范围和建设控制地带内,不得擅自进行工程项目的新建、改建、扩建。进行工程项目建设时,需满足保护规划要求,采取有效的保护措施,不得损坏历史建筑或破坏其环境风貌。

**第 53 条　传统风貌建筑保护**

保护 1557 处传统风貌建筑,按照《青岛市历史建筑保护管理办法》的程序对其进行认定和公布。

传统风貌建筑应划定保护范围,保护范围包括建筑本体及周边必要的风貌协调区。

传统风貌建筑应设立保护标志,建立保护档案,明确具体保护内容。

根据历史文化价值和保存状况的不同,传统风貌建筑分特殊保护、重点保护、一般保护三种保护等级,建筑的等级在街区保护规划或片区控制性详细规划中确定。

加强传统风貌建筑的定期维护保养,并根据保存状况的不同,分批次列入年度综合整修计划,保证传统风貌建筑的结构安全。

传统风貌建筑不得拆除,建设工程选址,应当尽可能避开历史建筑;因特殊情况不能避开的,应当尽可能实施原址保护。

**第 54 条　分类保护与利用**

根据历史建筑和传统风貌建筑的不同功能和形式特征,采取分类保护利用的方式,具体分为独立庭院建筑、里院建筑、公共建筑、集合住宅和传统建筑五种类型。

1.独立庭院建筑

独立庭院类传统风貌建筑保护等级以特殊保护和重点保护为主。保护建筑与庭院构成的院落历史格局,保护院落与周围道路、地形有机结合形成的整体建筑群落。不得改变建筑外部特征,内部空间结合更新功能需求调整完善,增加厨卫等生活配套设施疏通和增加上下水系统,满足现代居住需求;综合整治院落环境,拆除搭建、插建、接建建筑,延续院落历史格局风貌。

整体延续独立庭院建筑的居住功能,对于分户过多的建筑,应逐步迁出部分居民,改善居住环境;南部滨海旅游区域以及中国海洋大学周边区域的庭院建筑,可适当引入适合独立住宅空间形式的公共服务功能,如小型商业、社区服务、特色旅馆、特色餐饮、小型办公等功能。

2.里院建筑

里院类传统风貌建筑保护等级以重点保护和一般保护为主。保护里院建筑的特殊形制与周围道路形成的方格网式的整体布局方式。里院建筑修复以结构加固为主,外立面整修应保持原有简朴的风格,不得随意增加细部装饰。

里院建筑应采用小单元、渐进式的更新方式,鼓励多元化利用,四方路片区结合中山路商圈,植入小型餐饮、青年旅社、小型办公、特色商业等功能,提升现有商业业态的品质,逐步恢复活力。零散分布的里院建筑,鼓励改造为社区养老院、街道办事处、社区文化活动中心等公共服务设施,或廉租房、公租房等保障性住房。

3.公共建筑

公共建筑类的传统风貌建筑保护等级以特殊保护为主。

延续公共建筑原有公共功能,保持外观、主体结构不变前提下合理利用,对于已改为居住功能的公共建筑,及时调整为适应其空间形式的文化、商业、娱乐、办公等公共功能。

## 第九章　名人故居和军事建(构)筑物保护

### 第 55 条　名人故居价值特色

青岛的名人故居是指在青岛出生或在青岛生活、工作期间取得重大成就的已故文化界、教育界、科技界、体育界和卫生界人士曾居住过的场所,大部分为上世纪 30 年代的文化名人旧居、寓居。

名人故居主要集中分布在中国海洋大学鱼山校区周边,其中鱼山路、福山路和大学路两侧最为集中,是青岛的"文化名人故居一条街"。

名人故居作为历史文化遗产中珍贵的人文资源,是彰显青岛历史文化名城内在价值的重要体现。

### 第 56 条　名人故居保护要求与措施

保护 60 处名人故居,其中 50 处已公布为青岛文化名人故居,本规划新增补 10 处。

目前 20 处名人故居已挂牌,尚未挂牌的 40 处名人故居,尽快开展深入调研,按程序挂牌予以明示。

名人故居建筑中已公布为文物保护单位或历史建筑的,按照相应的保护要求进行保护;尚未公布为文物保护单位或历史建筑的,按传统风貌建筑特殊保护的要求进行保护,不得改变建筑外部特征与内部布局和设施。

已经辟为纪念馆的康有为故居、老舍故居,加强维护管理,丰富参观内涵,增加吸引力,提高名人故居的可参观性。

其余尚未向公众开放的名人故居,积极挖掘其中历史价值较高的、影响力较强的,向陈列馆、专业博物馆等功能转变。同时鼓励借助社会各界力量共同保护、改造和利用名人故居。改造与利用方式应适合名人故居建筑的空间特点,能体现其历史文化内涵。

### 第 57 条　军事建(构)筑物价值特色

青岛历史上保留至今的军事建(构)筑物,是青岛军事要塞海陆军事防御体系的重要见证,尤其德占时期修筑的炮台、兵营等构成的防御体系,体现了青岛在近代中国和世界军事发展史上的重要战略地位,具有重要的纪念意义和教育意义。

### 第 58 条　军事建(构)筑物保护要求与措施

保护现存的 27 处军事建(构)筑物(见附表 12,略),包括 3 处兵营旧址,2 处军事堡垒遗址,12 处炮台遗址,4 处其他军事建筑物、6 处其他军事构筑物。

已公布为文物保护单位、历史建筑或传统风貌建筑的军事建(构)筑物,按照相应保护要求进行保护;其他军事建(构)筑物不得拆除,应与周边环境一起整体保护,并在控制性详细规划中划定保护范围,明确保护要求。

仍作为办公建筑使用的毛奇兵营旧址、伊尔蒂斯兵营旧址、俾斯麦兵营旧址等兵营旧址类军事建筑物,明确使用单位责任,定期维护,加强保养。

深入挖掘青岛山炮台遗址、汇泉炮台遗址、台西炮台遗址、团岛炮台遗址、太平山炮台遗址及各堡垒遗址的历史背景和内涵,结合青岛山炮台遗址的保护,建设一战遗址公园,集中展示青岛历史城区的军事防御体系格局;现状残损严重的湛山炮台,作为遗址遗迹等进行展示。

## 第十章　工业遗产保护

### 第 59 条　价值特色

青岛的工业遗产涵盖纺织、印染、机械制造、食品加工等类型,是青岛各个历史时期产业发展和技术革新的见证,体现了青岛近代工业文明的发展历程及其在中国近代工业史上的重要地位。

### 第 60 条　保护要求

保护 19 处工业遗产,中心城区 17 处,中心城区外 2 处,空间上主要集中分布在东岸城区沿胶济线一带。

保护工业遗产厂区的整体格局，包括工业遗产的厂前区、生产区、生活区等历史功能分区，以及主要路网格局；在保护厂区格局完整性的前提下，厂区内部可根据具体功能利用的需要，进行适度加建、改建等建设活动。

保护工业遗产建筑物，包括构成各功能区、与生产流程紧密相关的主要建筑物，具体包括行政办公、生产车间、职工宿舍、商店、医院等。其中已公布为文物保护单位、历史建筑或传统风貌建筑的，按照相应的保护要求进行保护；行政办公、职工宿舍、商店医院等有价值保留的建筑，参照传统风貌建筑的保护要求进行保护；厂房、车间、仓库等产业特征突出的大跨度建筑，在保留建筑空间基本特征的前提下，可对外立面、内部空间进行改造。

保留能体现工业遗产价值的构筑物和生产设备，积极予以维修和再利用。工业构筑物可结合景观与场地设计，作为景观要素融入景观设计；工业设备可以采用室内、室外等多种保留与展示方式。

保护记录企业发展历史的契约合同、商号商标、产品样品、录音影像等档案信息。

工业遗产应单独编制保护规划，规划中划定保护范围和建设控制地带，明确具体的工业遗产保护建筑和构筑物等，并根据工业遗产所属区位确定功能定位，制定具体的保护措施和利用方式。

**第 61 条　保护利用措施**

工业遗产的保护和利用，应结合工业遗产所处的区位和自身条件等特点，多样化、系统化分类利用，利用过程中应体现原有生产流线。

天幕城（原青岛丝织厂和印染厂）、颐中烟草集团公司（青岛卷烟厂）、中联U谷、青岛紫信实业有限公司（青岛钟表总公司）、青岛纺联集团一棉有限公司（原上海纱厂、国棉五厂）、国棉六厂、青岛联城海岸置业有限公司（原青岛国棉一厂）等 7 处已改变工业生产用途的工业遗产，按照工业遗产保护要求，加强后续维护与管理。

青岛啤酒厂、即墨黄酒厂、青岛啤酒麦芽厂、南墅石墨矿、华电青岛发电有限公司（青岛发电厂）等 5 处仍在生产的工业遗产，维持现状生产功能，生产过程中不得破坏工业遗产的原有格局和工业遗产建（构）筑物。

中车青岛四方机车厂、青岛联创集团实业有限公司（日本内外棉株式会社青岛支店)等2处规模较大,历史格局保存完整的工业遗产,建议作为创意产业、特色商业、博物展览等综合功能使用。

青岛华金集团有限公司(青岛第一针织厂)、青岛金大鸡味素有限公司、青岛罐头食品厂有限公司(青岛茂昌蛋业冷藏股份有限公司)、青岛葡萄酿酒有限公司(美口酒厂青岛啤酒厂果酒车间)等4处具备较好城市区位和周边环境的工业遗产,建议作为创意产业和现代艺术功能使用。

保留青岛葡萄酒厂地下酒窖等主要体现工艺流程的建(构)筑物,建议改造为社区公共服务、工业历史遗迹展示等功能。

## 第十一章　非物质文化遗产保护

### 第62条　保护原则

按照"保护为主、抢救第一、合理利用、传承发展"原则,保护已公布的9大类49项非物质文化遗产。

### 第63条　保护要求

健全非物质文化遗产保护工作体系,将保护纳入各级政府的工作日程,明确保护责任单位,设立专项保护资金,建立保护利用奖励机制,完善管理平台。

持续推进非物质文化遗产普查和公布,建立保护档案、音像数据库和监控数据库。编制非物质文化遗产专项保护规划,明确保护主体、传承主体、传播途径和利用措施。

## 第十二章　历史文化遗产展示与利用

### 第64条　市域历史文化遗产展示

1.明清海防军事防御遗址的展示:以明清时期遗存的卫所、炮台、烟墩、烽火台、山寨等海防军事防御遗址为核心展示内容,具体包括琅琊遗址、齐长城遗址、烽火台遗址、即墨鳌山卫古城等沿海一线的防御设施遗址,展示古代的海军防御体系建设理念以及古代军事设施的营造技艺。

2.滨海文化廊道的展示:以青岛市七百余公里的海岸线串联东岸城区、西岸城区、北岸城区、胶州、即墨各区市,形成青岛的滨海文化廊道。保护沿岸的历史文化遗存,严格控制海岸线的开发利用,分片展示青岛历史发展的各种文化脉络。

3.传统村落的展示：以即墨市金口村、即墨市李家周疃村、即墨市凤凰村、莱西市西三都河村、莱西市宫家泽口村特色传统村落为依托，加强村落整体环境和历史风貌的保护和展示，突出展示胶东海洋特色建筑和民俗风情，带动地方旅游发展。

4.市域文化遗产集中展示区：在黄岛区西部、胶州里岔镇和普集镇、即墨老城区和鳌山湾陆域、莱西城区与产芝水库周边、平度大泽山和龙山文化遗址、平度即墨故城遗址周边等历史文化遗产分布密集的区域，形成历史文化遗产综合展示区，将相邻地域不同类型的文化遗产集中展示，体现青岛历史文化的多样性。

### 第65条　历史城区风貌展示

1.滨海文化长廊展示：通过鱼山、观海山、信号山、观象山、八关山、青岛山、贮水山、太平山电视塔、栈桥回澜阁、小青岛、团岛灯塔等重要城市景观点及其之间的景观视廊，展示青岛历史城区山、海、城独特的城市空间形态和海防军事格局，体现自然和人文环境互相交融的特色。

2.城市发展廊道展示：展示中山路—馆陶路—上海路，太平路—莱阳路—南海路—武胜关路—香港西路两条重要历史轴线，展示青岛城市发展的历史文化脉络，在重要节点设置展示标志，介绍历史轴线的形成、发展和保存情况以及历史文化内涵。

### 第66条　历史文化街区与文物古迹展示

1.名人故居展示：依托中国海洋大学与保存完好的文化名人故居，对文化名人故居建筑进行保护与综合环境整治，收集、整理、展示名人历史信息，如康有为故居、老舍故居、萧军萧红故居等。沿福山路—福山支路—鱼山路组织名人文化旅游主题线路。

2.工业遗产展示：积极利用19处工业遗产，结合工业遗产的保护与改造，开辟工业旅游景点，沿胶济线沿线的四流路、新疆路、威海路组织工业遗产旅游路线，整理工业历史文化展示信息，形成完整的工业遗产游览体系。

3.博物馆系列展示：结合现存各类应保护建筑改造的博物馆和其他体验类商业、服务业设施，串联形成博物馆主题旅游线路，深入应保护建筑内部感受历史文化与氛围。

4.崂山道教群展示：充分发挥崂山等风景名胜区的人文、风光优势，以太清宫、太平宫、华楼宫等崂山道教建筑群主要宫观为中心建设道教文化主题展示区,推广道教文化主题风光游。

5.近代建筑群展示:以青岛德国建筑群、馆陶路近代建筑、中山路近代建筑群、八大关近代建筑群等近代建筑群为展示对象,展现青岛风格多元、设计考究、建造精美的近代建筑。

## 第十三章　规划实施保障措施

**第 67 条　政策法规**

根据国家、省相关法律、法规,结合青岛名城保护的新形势与新问题,补充地方性法规,进一步完善青岛历史文化遗产保护法规体系。

1.严格贯彻执行《青岛市城乡规划条例》、《青岛市风貌保护条例》、《青岛市历史建筑保护管理办法》等地方法规。

2.建议制定《青岛市历史文化名城保护条例》、《青岛市历史文化街区保护管理规定》,严格落实保护规划对各类历史文化遗产的保护要求和措施。

**第 68 条　机构设置**

1.积极发挥青岛市历史文化名城保护委员会和历史文化名城专家咨询委员会的作用,建立针对名城保护相关项目的特别论证制度。

2.城乡规划主管部门设置保护管理机构,负责历史文化遗产保护规划的编制和建设项目审批管理,保护规划实施管理的全过程引入监督检查机制。

3.建立历史文化遗产地方登录制度,定期对历史建筑、工业遗产、名人故居等进行普查、认定和公布,动态增补完善各类历史文化遗产名录,建立历史文化遗产档案数据库。

**第 69 条　资金保障**

1.建立青岛历史文化名城保护专项资金,列入青岛市政府财政预算,由历史文化名城保护管理机构负责经费管理,账户公开。

2.每年拨付一定数额的历史文化名城专项资金,专门用于历史建筑的修缮、历史文化街区市政基础设施改善和环境整治、历史文化遗产的日常管理等。

3.积极争取国家、省市和社会各界对名城保护的资金支持,鼓励多渠道保护资金投入,为历史文化遗产的保护提供资金保障。

4.积极探索PPP融资模式,将其引入应保护建筑的修缮、改造和利用。政府提供合作平台,将应保护建筑改造利用的部分责任以特许经营权方式转移给社会主体,政府与社会主体建立起"利益共享、风险共担、全程合作"的共同体关系,让应保护建筑在艺术、商务、旅游等领域发挥新作用。

**第70条　公众参与**

1.相关政策中增加扶持性政策条款,优先鼓励历史文化街区内原住民和历史文化遗产所有者或使用者积极参与保护,合理利用历史文化遗产。

2.鼓励全体市民积极参与名城保护事业,建立面向社会的保护规划公示、实施监督、意见反馈的公众参与机制。

3.加强历史文化名城保护的宣传,制定与保护相关的乡规民约和普及教育计划,增强全体市民的历史文化保护意识。

## 第十四章　近期实施保护内容

**第71条　法规制定**

继续完善地方法规建设,制定《青岛市历史文化名城保护条例》,与其他法律法规共同作为法律依据在城市管理工作中严格执行,规范建设和管理行为。

**第72条　规划编制**

按照《青岛市城市风貌保护条例》和《历史建筑保护管理办法》相关要求,编制《历史城区更新发展规划》、《青岛市风貌保护名录》、《青岛市风貌保护规划》、《历史建筑保护图则》,加快名人故居、军事遗产、工业遗产、历史文化村镇等专项保护规划的编制工作,进一步完善保护规划体系。

**第73条　展示利用**

逐步开展历史文化街区、工业遗产、名人故居、博物馆等主题系列的历史文化遗产展示与利用。结合中山路、四方路历史文化街区保护规划,积极启动街区和应保护建筑改造与利用的试点项目。

# 青岛市城市风貌保护条例(2014 年)

(2014 年 6 月 27 日青岛市第十五届人民代表大会常务委员会第二十次会议通过)

## 第一章 总则

**第一条** 为了加强城市风貌保护,根据有关法律、法规的规定,结合本市实际,制定本条例。

**第二条** 本市行政区域内城市风貌的保护适用本条例。

法律、法规对城市风貌保护中涉及的文物、古树名木、风景名胜区、自然保护区、森林公园、海岛等的保护另有规定的,适用其规定。

**第三条** 城市风貌保护应当遵循科学规划、整体保护、严格保护的原则,正确处理经济社会发展与保护自然资源、生态环境、历史文化遗产的关系。

**第四条** 市、区(市)人民政府应当加强城市风貌保护工作,将城市风貌保护工作纳入国民经济和社会发展规划、计划,所需经费列入政府财政预算。

**第五条** 市、区(市)人民政府应当定期组织有关部门和专家对城市风貌保护状况和规划实施情况进行评估,向本级人民代表大会常务委员会报告并向社会公布。

**第六条** 市、县级市城乡规划主管部门按照规定的权限,负责本行政区域内的城市风貌保护工作。

其他相关行政管理部门应当按照各自职责,做好城市风貌保护的有关工作。

第七条　鼓励组织和个人以捐助、志愿服务或者提出意见、建议等方式，参与、监督城市风貌保护。

城乡规划主管部门和有关部门应当依法公开城市风貌信息，完善公众参与程序，为组织、个人参与和监督城市风貌保护提供便利。

## 第二章　保护内容

第八条　城市风貌的保护内容为体现本市地域特色和历史文化传承，具有生态、景观或者历史、文化、科学、艺术价值的自然风貌和人文风貌，主要包括：

（一）由海岸线、海湾、海岛、海滩、礁石、岬角以及山体、河流、湖泊、丘陵地形、湿地、植被等构成的自然风貌；

（二）反映本市历史文化传承的城区、街区、镇、村和建筑物、构筑物、街道、院落、名胜古迹等人文风貌。

第九条　本市建立城市风貌保护名录，根据本条例第八条所列内容，确定城市风貌保护项目。

经批准公布的历史城区、历史文化街区、历史文化名镇名村、历史建筑等应当纳入城市风貌保护名录。

第十条　青岛市城市风貌保护名录的编制和调整，由市城乡规划主管部门会同有关部门、区（市）人民政府研究提出，经专家评审、向社会公示后，报市人民政府批准并公布。青岛市城市风貌保护名录的编制和调整，应当征求市人民代表大会有关专门委员会的意见。

县级市人民政府应当根据本地风貌特色，参照前款规定的程序，编制本地风貌保护名录，向社会公布。

任何组织和个人都可以向城乡规划主管部门提出将具有保护价值的项目列入保护名录的建议。

第十一条　市、区（市）人民政府应当组织建立城市风貌保护管理信息系统，对城市风貌保护内容、保护项目进行动态监测和管理。

城乡规划、文物、海洋与渔业、林业、水利、城乡建设、城市园林、国土资源等部门，应当按照各自职责，做好城市风貌保护项目的详细测绘、信息记录和档案数据保存、更新等工作。

## 第三章　保护规划

**第十二条**　市城乡规划主管部门应当会同有关部门、区(市)人民政府,组织编制城市风貌保护规划,确定城市风貌分区控制体系和控制措施。

县级市城乡规划主管部门应当根据本地实际情况,编制本地城市风貌保护规划。

编制城市风貌保护规划,应当根据城市总体规划和不同区域的发展条件、用地性质以及分区关系,科学规划、控制城市建设,培育、延续城市风貌特色,塑造城市整体形象。

**第十三条**　市、县级市城乡规划主管部门应当根据城市风貌保护要求,组织编制城市设计导则,对规划区域的景观体系、街道、开敞空间以及建筑体量、高度、形态、色彩等,确定控制要求。

**第十四条**　对城市风貌保护名录中的保护项目,城乡规划主管部门或者相关主管部门应当组织编制专项规划或者控制性详细规划,分别明确保护范围、风貌要素、保护措施和实施方案。

**第十五条**　城市风貌保护规划、专项规划、控制性详细规划、城市设计导则的编制,应当进行科学论证,广泛征求有关部门、专家以及有关方面的意见,经依法批准后向社会公布。

经依法批准的规划、导则不得擅自修改;确需修改的,按照有关法律、法规的规定进行。其中,城市风貌保护专项规划、控制性详细规划的修改,不得缩小保护范围、减少风貌要素。

**第十六条**　海岸带规划以及综合交通、基础设施、公共服务设施、绿地系统、河湖水系等专项规划,应当与城市风貌保护相关规划相衔接,符合城市风貌保护要求。

城市风貌保护相关规划涉及海域使用的,应当符合海洋功能区划或者与海洋功能区划相衔接。

**第十七条**　城市规划区内的建设工程审批,应当符合城市风貌保护规划、专项规划、控制性详细规划、城市设计导则的要求。

在城市风貌保护项目的保护范围内进行建设的,建设单位应当按照保护要求,组织专业设计,按照规定征求相关部门意见后,依法向城乡规划主管部门办理规划许可。城乡规划主管部门在作出规划许可决定前，应当组织专家论证、向社会公示，并提请城乡规划委员会审议。公示期限不得少于二十日。

第十八条　下列区域内的建设工程，市城乡规划主管部门在规划许可前，应当向市人民代表大会有关专门委员会报告：

（一）团岛湾头至王哥庄晓望河入海口的海岸带范围内；

（二）历史文化街区的核心保护区内；

（三）浮山、太平山山体绿线外延一百米范围内。

第十九条　在城市风貌保护项目的保护范围内，不符合规划要求的现有建筑物、构筑物以及其他设施，应当在更新、改造时按照规划要求进行整修、迁建或者拆除。

## 第四章　自然风貌保护

第二十条　保护青岛"山海相依"的整体自然地理格局，加强对影响城市空间形态和特色的关键区域、景观轴带、生态廊道等的规划控制。

第二十一条　对本市行政区域内海岸带的自然风貌保护工作实行市级统筹。市人民政府应当建立对海岸带自然风貌保护实施统一领导和组织、协调的工作机制。

第二十二条　严格保护海滨自然风貌。在海岸带范围内：

（一）禁止破坏海湾、沙滩、礁石、沙丘、沙坝、河口等特殊地形地貌以及自然景观；

（二）禁止开挖山体、采矿、采石、采砂；

（三）严格限制围海、填海、建设堤坝、筑池养殖等改变、破坏海滨地形地貌的活动。

第二十三条　市城乡规划主管部门应当根据城市总体规划、海岸带规划以及海洋功能区划，结合海岸带的自然环境与资源现状，划定自然岸线保护范围，经市人民政府批准后向社会公布。

在自然岸线保护范围内，禁止围海、填海、建设堤坝、筑池养殖以及其他改变岸线自然属性的行为，禁止破坏自然岸线的自然地形地貌与景观。

第二十四条　海岸带范围内，禁止新建高层建筑，严格控制建筑密度、建筑体量、容积率。

历史城区、历史文化街区、风景名胜区、旅游度假区、自然岸线保护范围内的海岸带,自大陆岸线向陆地一侧,距离一百米范围内,除依法批准的码头、市政、公共服务设施以及军事等用途外,不得新建、扩建建筑物;其他海岸带区域,应当划定海域保护控制线、围填海控制线、生态湿地保护线、禁建限建控制线,明确建设控制要求。

胶州湾海岸带内的建设管理,按照《青岛市胶州湾保护条例》的规定执行。

**第二十五条**　保护海滨的天际轮廓线、景观视廊。海岸带及其临近区域内的建设项目,应当在审批时进行视线景观分析,不得对海滨形成封闭式遮挡。

**第二十六条**　保持滨海岸线通畅,除依法批准的港口、码头、船舶修造、军事等用途需要封闭的外,任何组织和个人不得圈占。

**第二十七条**　城市规划区内的山体应当按照城乡规划主管部门、城市园林绿化行政主管部门划定的绿线严格保护。经批准对山体绿线调整的,不得减少绿线范围内的绿地面积。

在山体绿线范围内,禁止建设非供公共游憩的建筑物,禁止开山、采石、采砂、取土、筑坟等破坏山体的活动,严格限制人造景观和永久性设施的建设。

**第二十八条**　城乡规划主管部门应当按照不超过山体海拔高度三分之二的原则,确定山体周边建筑高度控制线。山体周边区域新建、改建、扩建建筑的屋脊线海拔高度不得突破高度控制线。

历史城区内主要山体的周边建筑高度控制线分别为:贮水山为四十五米,观海山、鱼山、八关山为五十米,观象山、青岛山、信号山为六十米,太平山为八十米。

**第二十九条**　城乡规划主管部门应当划定重要观景点与主要山体之间的眺望视域。

眺望视域范围内禁止建设高层建筑。前景区域建筑遮挡山体不得超过山体海拔高度的三分之二,背景区域建筑不得突破山体轮廓线。

**第三十条**　城市规划区内的山体应当向公众开放,与邻近的城市开放空间保持通透,规划建设绿色通廊。

**第三十一条**　城乡规划主管部门应当会同有关部门,按照国家有关规定,对城市规划区内的河流、湖泊、水库、湿地等划定城市蓝线,并在控制性详细规划中明确城市蓝线范围内的保护要求和控制指标。

**第三十二条** 在城市蓝线范围内,不得从事下列活动:

(一)建设建筑物、构筑物(水工程和环境保护设施除外);

(二)开垦、填埋湿地;

(三)擅自填埋、占用水域;

(四)影响水系安全、破坏景观的爆破、采石、采砂、取土;

(五)其他破坏城市水系、湿地的活动。

**第三十三条** 城乡规划主管部门应当根据山体、水体、湿地等的风貌保护要求,在保护专项规划、控制性详细规划中,将山体绿线、城市蓝线外侧的一定区域划为建设控制地带,明确建筑退线距离以及其他建设控制要求。

**第三十四条** 对具有特殊风貌保护价值的海滨红礁石、崂山绿石、硅化木等的集中区域,市人民政府应当划定保护地带,采取更为严格的保护措施。

## 第五章 人文风貌保护

**第三十五条** 保护人文风貌的真实性、完整性和延续性,保持其传统格局、历史风貌和空间尺度。

**第三十六条** 保持历史城区以红瓦、黄墙和石材本色为主的建筑群整体色调,控制建筑屋顶和立面的色彩、材质。建筑物、构筑物的所有权人,应当保持建筑物、构筑物外观整洁、美观。未经市城乡规划主管部门批准,不得改变建筑物、构筑物的原有色调。

**第三十七条** 保护历史城区的天际轮廓线形态,保持其起伏有致、平缓舒展的特点。

保护历史城区内重要的景观视廊和道路对景,控制视廊两侧建筑高度,对景视线内不得出现障碍。景观视廊和道路对景的具体保护范围、控制要求,由市城乡规划主管部门在专项规划、控制性详细规划中确定。

**第三十八条** 历史城区、历史文化街区应当保持该区域特有的风貌和建筑特色,严格控制建设活动。经依法批准进行建设的,建设项目的高度、体量、形态、色彩应当与整体风貌相协调。

在历史文化街区的核心保护区内,不得新建、扩建建筑物。

**第三十九条** 在历史城区、历史文化街区内,根据整体风貌特点和不同风貌要素的保护要求,分区控制建筑高度。市城乡规划主管部门应当在专项规划中确定具体的建筑高度控制范围和控制要求。其中：

（一）新建建筑高度不得高于其周边的被认定为文物保护单位的建筑、历史建筑等保护主体；

（二）历史文化街区建设控制地带内建筑高度不得超过十八米；

（三）历史城区南部滨海岸线与其北侧首条城市干路之间的街坊建筑高度不得超过十五米。

**第四十条**　保护历史城区道路路网格局和骨架。禁止取消现状道路，禁止改变道路线型、断面、竖向标高。

对历史文化名城保护规划确定的历史风貌道路，应当保护其沿街界面、空间尺度，保持道路的红线宽度和转弯半径，并在控制性详细规划中明确两侧建筑的具体高度控制要求。

**第四十一条**　禁止减少历史城区、历史文化街区内现有的绿地面积。新建建设项目的绿化用地面积不得低于建设用地总面积的百分之四十。

保持历史文化街区内的原有绿化特色，禁止改变街区内的行道树种类。

**第四十二条**　严格保护历史建筑及其周边环境。

对优秀历史建筑的保护参照县级文物保护单位的保护规定实施。一般历史建筑根据其历史文化价值和保存现状，按照市人民政府的有关规定进行分类保护。

**第四十三条**　未经批准不得迁移或者拆除历史建筑。因公共利益需要进行建设活动，对历史建筑无法实施原址保护必须迁移异地或者拆除的，应当依法报批。

历史文化街区核心保护区内的历史建筑不得迁移、拆除。

**第四十四条**　保护历史城区内的特色院落，保持其空间形态和风貌。禁止在特色院落内擅自搭建建筑物、构筑物，禁止擅自打通、封堵特色院落。

**第四十五条**　保护历史城区、历史文化街区内的大门、围墙、铺地、石阶、桥梁、驳岸等历史环境要素。禁止擅自拆除、改造上述历史环境要素；因倒危、损毁需要更换、修复的，应当保持原有风貌特色。

**第四十六条**　对历史文化名镇、名村，区（市）人民政府应当按照有关法律、法规，参照本条例有关历史城区、历史文化街区的保护规定，组织编制保护规划，落实保护措施。

第四十七条　其他具有保护价值的街区、镇、村、建筑物、构筑物等人文风貌，经过规定程序列入城市风貌保护名录后，参照历史城区、历史文化街区、历史建筑进行保护，具体保护措施按照专项规划、控制性详细规划的规定执行。

第四十八条　对人文风貌保护项目及其相关设施、历史环境要素等，其所有权人应当合理使用，按照规划要求做好保养、维护、修复、修缮，并接受指导、检查和监督。

市、区（市）人民政府应当对所有权人保养、维护、修复、修缮人文风貌保护项目的活动给予资金补助和相关技术指导。

人文风貌保护项目的修复、修缮，应当保持原有风貌特色，不得改变其原有体量、样式、风格、形态以及相应的地形地貌等；建设单位或者个人应当委托具有相应专业设计资质的单位编制方案，按照规定征求有关部门意见，报城乡规划主管部门批准后实施。

第四十九条　市、县级市人民政府应当组织在人文风貌保护项目的主要出入口设置保护标志。任何组织和个人不得擅自设置、移动、涂改或者损毁保护标志。

第五十条　对城市风貌的保护，涉及工业遗产、乡土建筑、军事遗址等历史文化遗产的，应当结合城市风貌保护要求一并加以规划、保护。

对名人故居建筑的保护，属于文物保护单位、登记不可移动文物的，按照有关文物保护的法律、法规执行；其他名人故居建筑，经文物行政部门认定、公布后，参照文物保护的规定确定保护措施。

## 第六章　法律责任

第五十一条　对违反本条例规定的行为，法律、法规已有规定的，依照相关规定处理。

第五十二条　有关行政管理部门及其工作人员有下列情形之一的，由本级人民政府、上级部门或者监察机关依据职权责令改正，对直接负责的主管人员和其他直接责任人员依法给予处分：

（一）未组织编制或者未按照法定程序组织编制有关规划的；

（二）擅自修改有关规划的；

（三）违反法定程序或者违反规划要求进行许可的；

（四）未依法履行职责,造成具有风貌保护价值的项目破坏或者损毁的;

（五）有其他滥用职权、徇私舞弊、玩忽职守情形的。

**第五十三条**　违反本条例第二十二条第一项规定的,由海洋与渔业部门、国土资源部门按照各自职责,责令恢复原状或者采取补救措施,处每平方米五千元罚款。

违反本条例第二十二条第二项规定的,由海洋与渔业部门、国土资源部门按照各自职责,责令改正、恢复原状,没收违法所得,并处十万元以上二十万元以下罚款。

**第五十四条**　违反本条例第二十三条第二款规定的,由海洋与渔业部门责令改正、恢复原状,处非法占用海域期间内该海域面积应缴纳的海域使用金十五倍以上二十倍以下罚款。

**第五十五条**　违反本条例第三十二条规定,开垦、填埋湿地或者在湿地内采石、采砂、取土的,由林业部门责令恢复原状或者采取补救措施,处每平方米五百元以上二千元以下罚款。

**第五十六条**　违反本条例规定,有下列行为之一的,由城乡规划主管部门责令停止违法行为、限期拆除、恢复原状或者采取其他补救措施,没收违法所得,并处以下罚款:

（一）在城市风貌保护项目的保护范围内违法进行建设的,处五十万元以上一百万元以下罚款;

（二）擅自打通、封堵特色院落的,处十万元以上二十万元以下罚款;

（三）违法更换、拆除历史环境要素的,处一万元以上十万元以下罚款;

（四）未按照本条例第四十八条第三款规定修复、修缮人文风貌的,处五万元以上十万元以下罚款。

**第五十七条**　违反本条例第四十九条规定,擅自设置、移动、涂改或者损毁保护标志的,由城乡规划主管部门责令限期改正;逾期不改正的,对单位处一万元以上五万元以下罚款,对个人处一千元以上五千元以下罚款。

**第五十八条**　违反本条例规定,造成损害的,依法承担民事责任;构成犯罪的,依法追究刑事责任。

## 第七章　附则

**第五十九条**　本条例所称海岸带,是指胶州湾及青岛市其他近岸海域和毗连的相关陆域、岛屿。其控制范围自海岸线量起：海域至十海里等距线；陆域未建成区一般至一公里等距线；陆域建成区一般以临海第一条城市主要道路为界，海泊河以北以铁路为界；特殊区域以青岛市人民政府批准的海岸带规划控制范围为准。

　　第六十条　本条例自 2014 年 11 月 1 日起施行。1996 年 2 月 9 日青岛市人民代表大会常务委员会公布的《青岛市城市风貌保护管理办法》同时废止。

# 参考文献

（一）图书

［1］［美］伯纳德·鲁道夫斯基:《没有建筑师的建筑:简明非正统建筑导论》,高军译,天津大学出版社 2011 年版。

［2］［美］凯文·林奇:《城市意象》,方益萍、何晓军译,华夏出版社 2009 年版。

［3］［美］刘易斯·芒福德:《城市发展史——起源、演变和前景》,宋俊玲等译,中国建筑工业出版社 2005 年版。

［4］［美］刘易斯·芒福德:《城市文化》,中国建筑工业出版社 2009 年版。

［5］［日］芦原义信:《街道的美学》,尹培桐译,江苏凤凰出版社 2017 年版。

［6］［英］奎恩:《文化地理学》,王志弘、余佳玲、方淑惠译,（台湾）巨流图书股份有限公司 2003 年版。

［7］［英］史蒂文·蒂耶斯德尔、蒂姆·希思、［土］塔内尔·厄奇:《城市历史街区的复兴》,张玫英、董卫译,中国建筑工业出版社 2006 年版。

［8］单霁翔:《从"功能城市"走向"文化城市"》,天津大学出版社 2007 年版。

［9］单霁翔:《留住城市文化的"根"与"魂"——中国文化遗产保护的探索与实践》,科学出版社 2010 年版。

［10］冯骥才:《手下留情:现代都市文化的忧患》,学林出版社 2000 年版。

［11］李志刚、顾朝林:《中国城市社会空间结构转型》,东南大学出版社 2011 年版。

［12］刘合林:《城市文化空间解读与利用:构建文化城市的新路径》,东南大学出版社 2010 年版。

[13]秦虹、苏鑫：《城市更新》，中信出版社2018年版。

[14]青岛市市南区政协编：《里院·青岛平民生态样本》，青岛出版社2008年版。

[15]阮仪三、王景慧、王林：《历史文化名城保护理论与规划》，同济大学出版社1999年版。

[16]苏秉公主编：《城市的复活：全球范围内旧城区的更新与再生》，文汇出版社2011年版。

[17]孙逊、陈恒主编：《刘易斯·芒福德的城市观念》，上海三联书店2014年版。

[18]王广振、徐嘉琳、李侑珊编著：《老城复兴：青岛市北历史文化街区的保护与更新》，山东人民出版社2020年版。

[19]王国伟：《城市微空间的死与生》，上海书店出版社2019年版。

[20]徐新、范明林：《紧凑城市：宜居、多样和可持续的城市发展》，格致出版社2010年版。

[21]薛林平：《建筑遗产保护概论》，中国建筑工业出版社2013年版。

[22]姚子刚：《城市复兴的文化创意策略》，东南大学出版社2016年版。

[23]张松：《城市笔记》，东方出版中心2018年版。

[24]Eliel Saarinen, *The City: Its Growth, Its Decay, Its Future*, New York: Reinhold Publishing Corporation, 1945.

[25]H. Lefebvre, *The Production of Space*, Oxford: Blackwell, 1991.

[26]Malcolm Miles, *Cities and Cultures*, London and New York: Routledge, 2007.

[27]S. Sassen, *The Global City: New York, London, Tokyo*, Princeton: Princeton University Press, 1991.

[28]L. R. Rogers, *Towards an Urban Renaissance*, London: Routedge, 1999.

[1]蔡镇钰：《中国民居的生态精神》，《建筑学报》1999年第7期。

[2]曾鹏、李晋轩：《存量工业用地更新与政策演进的时空响应研究——以天津市中心城区为例》，《城市规划》2020年第4期。

[3]常东亮：《当代中国城市文化活力问题多维透视》，《学习与实践》2019年

第 4 期。

[4]崔博娟、邓夏、白林:《基于里院价值的"微改造"模式复兴探讨》,《重庆建筑》2019 年第 9 期。

[5]邓天白:《区域城市的文化空间构建——以古城扬州为例》,《扬州大学学报》(人文社会科学版)2013 年第 2 期。

[6]邓夏、崔博娟:《青岛里院街区规划复兴探思》,《建材与装饰》2018 年第 52 期。

[7]方丹青、陈可石、陈楠:《以文化大事件为触媒的城市再生模式初探——"欧洲文化之都"的实践和启示》,《国际城市规划》2017 年第 2 期。

[8]方遥、王锋:《整合与重塑——多层次发展城市文化空间的探讨》,《中国名城》2010 年第 12 期。

[9]房勇、王广振:《智慧城市建设:中外模式比较与文化产业创生逻辑》,《河南师范大学学报》(哲学社会科学版)2017 年第 6 期。

[10]高长征、田伟丽、侯珏玭、王禹翰:《弱势空间视角下城市"微"更新探讨——以郑州市二七德化街区为例》,《城市发展研究》2020 年第 12 期。

[11]关昕:《"文化空间:节日与社会生活的公共性"国际学术研讨会综述》,《民俗研究》2007 年第 2 期。

[12]韩若冰:《非物质文化遗产的活化、传承与创新——以"情动机制"为视角》,《民俗研究》2019 年第 6 期。

[13]韩晓鹏、宁启蒙、汤慧:《基于微更新的历史文化街区保护更新策略研究——以青岛裕德里里院街区为例》,《安徽建筑》2019 年第 10 期。

[14]和红星:《城市复兴在古城西安的崛起——谈西安"唐皇城"复兴规划》,《城市规划》2008 年第 2 期。

[15]胡惠林:《城市文化空间建构:城市化进程中的文化问题》,《思想战线》2018 年第 4 期。

[16]花建、陈清荷:《沉浸式体验:文化与科技融合的新业态》,《上海财经大学学报》2019 年第 5 期。

[17]花建:《城市空间的再造与文化产业的集聚》,《探索与争鸣》2007 年第 8 期。

[18]黄芳:《传统民居旅游开发中居民参与问题思考》,《旅游学刊》2002 年

第 5 期。

[19]雷蕾：《中国古村镇保护利用中的悖论现象及其原因》，《人文地理》2012 年第 5 期。

[20]李萌、徐慧霞：《论城市传统民居的旅游开发——以上海石库门为例》，《学术交流》2007 年第 10 期。

[21]李祎、吴义士、王红扬：《西方文化规划进展及对我国的启示》，《城市发展研究》2007 年第 2 期。

[22]陆邵明：《微观地理视野下文化遗产认知及其表征语言的解读——以云南怒族民居建筑为例》，《同济大学学报》（社会科学版）2017 年第 3 期。

[23]陆元鼎：《中国民居研究五十年》，《建筑学报》2007 年第 11 期。

[24]彭爦：《城市文化研究与城市社会学的想象力》，《南京社会科学》2006 年第 3 期。

[25]荣侠：《传统民居营造文化的变迁与创新》，《人民论坛》2020 年第 34 期。

[26]邵明华、张兆友：《国外文旅融合发展模式与借鉴价值研究》，《福建论坛》（人文社会科学版）2020 年第 8 期。

[27]唐建军：《从旅游城市到休闲城市——基于青岛问卷调查数据的分析》，《河南大学学报》（自然科学版）2015 年第 1 期。

[28]田涛、程芳欣：《西安市文化资源梳理及古城复兴空间规划》，《规划师》2014 年第 4 期。

[29]王承旭：《城市文化的空间解读》，《规划师》2006 年第 4 期。

[30]王润生、崔文鹏：《多元·共生——浅议青岛"里院建筑"的重新建构》，《工业建筑》2010 年第 5 期。

[31]王世福、曹璨：《存量时代的历史街区"再文化"逻辑：广州新河浦》，《人类居住》2017 年第 2 期。

[32]王世福、张晓阳、费彦：《广州城市更新与空间创新实践及策略》，《规划师》2019 年第 20 期。

[33]王淑娇、李建盛：《城市历史空间再利用与城市文化空间生产——以成都宽窄巷子为例》，《中华文化论坛》2018 年第 1 期。

[34]王天然：《基于建筑保护的青岛广兴里里院空间重构》，《小城镇建设》

2013 年第 10 期。

[35]王婷婷、张京祥:《文化导向的城市复兴:一个批判性的视角》,《城市发展研究》2009 年第 6 期。

[36]王长松、田昀、刘沛林:《国外文化规划、创意城市与城市复兴的比较研究——基于文献回顾》,《城市发展研究》2014 年第 5 期。

[37]魏伟、刘畅、张帅权、王兵:《城市文化空间塑造的国际经验与启示——以伦敦、纽约、巴黎、东京为例》,《国际城市规划》2020 年第 3 期。

[38]吴晨:《城市复兴的理论探索》,《世界建筑》2002 年第 12 期。

[39]吴晶霞、林青青、王晓鸣:《基于适应性单元的历史街区更新策略——以青岛四方路里院为例》,《中国房地产》2016 年第 6 期。

[40]吴良镛:《历史名城保护与美好人居》,《人类居住》2019 年第 2 期。

[41]吴良镛:《历史文化名城的规划结构、旧城更新与城市设计》,《城市规划》1983 年第 6 期。

[42]吴良镛:《七十年城市规划的回眸与展望》,《城市规划》2019 年第 9 期。

[43]吴伟:《现代城市文化的空间修复:从行为到行动的转换——基于城市文化批评史的视角》,《广西社会科学》2020 年第 4 期。

[44]伍江:《基于"有机更新"目标的城市精细化规划变革》,《城市规划学刊》2019 年第 7 期。

[45]向云驹:《论"文化空间"》,《中央民族大学学报》(哲学社会科学版)2008 年第 3 期。

[46]徐嘉琳、王广振:《基于文化创意产业的城市空间再造模式探析》,《人文天下》2020 年第 15 期。

[47]徐嘉琳:《城市传统民居文化空间保护与更新策略研究——以青岛市北区即墨路街道为例》,《人文天下》2019 年第 19 期。

[48]杨东篱:《沉浸媒介与民俗文化的新"活态"保护》,《文化产业》2020 年第 32 期。

[49]杨东篱:《城镇化进程中民俗文化的"活态"保护与开发》,《百家评论》2015 年第 6 期。

[50]杨贤房、张安皓:《城市规划视角客家民居文化空间传承研究》,《赣南师范大学学报》2017 年第 4 期。

[51]于海漪、文华：《北京大栅栏地区城市复兴模式研究》，《华中建筑》2017年第 7 期。

[52]于立、张康生：《以文化为导向的英国城市复兴策略》，《国际城市规划》2007 年第 4 期。

[53]张香芝：《中国传统民居建筑在动画场景中的应用——以福建土楼与〈大鱼海棠〉为例》，《美术大观》2020 年第 9 期。

[54]郑憩、吕斌、谭肖红：《国际旧城再生的文化模式及其启示》，《国际城市规划》2013 年第 1 期。

[55]周宏伟：《中国传统民居地理研究刍议》，《中国历史地理论丛》2016 年第 4 期。

[56]周真刚：《贵州苗族山地民居的建筑布局与文化空间——以控拜"银匠村"为例》，《黑龙江民族丛刊》2013 年第 2 期。

[57]朱力、孙莉：《英国城市复兴：概念、原则和可持续的战略导向方法》，《国际城市规划》2007 年第 4 期。

[58]程莎莎：《传统建筑保护及改造的机制与策略研究》，青岛理工大学硕士学位论文，2019 年。

[59]董正：《山东枣庄地区乡村传统民居探析》，山东大学硕士学位论文，2016 年。

[60]华琳：《基于社区发展视角的居住型历史地段保护更新方法初探》，东南大学硕士学位论文，2017 年。

[61]李珈：《西安市明城墙内传统民居保护利用研究》，西安建筑科技大学硕士学位论文，2016 年。

[62]李若兰：《以文化为导向的城市复兴策略研究》，中南大学硕士学位论文，2009 年。

[63]秦朗：《城市复兴中城市文化空间的发展模式及设计》，重庆大学硕士学位论文，2016 年。

[64]田涛：《古城复兴：西安城市文化基因梳理及其空间规划模式研究》，西安建筑科技大学博士学位论文，2015 年。

[65]徐攀登：《青岛近代历史居住建筑保护和再利用研究》，青岛理工大学硕士学位论文，2017 年。

[66]钟凌艳:《文化视角下的当代城市复兴策略》,重庆大学硕士学位论文,2006年。

(三)报告

[1]《短视频与城市形象研究白皮书》,抖音、头条指数与清华大学国家形象传播研究中心城市品牌研究室联合发布,2018年9月11日。

[2]《抖擞传统:短视频与传统文化研究报告》,武汉大学媒体发展研究中心与字节跳动平台责任研究中心联合发布,2019年5月13日。

[3]《2019中国颜值经济洞察报告》,Mob研究院,2019年12月。

[4]《2020城市更新白皮书系列:历史文化街区的活化迭代》,第一太平戴维斯与华建集团联合发布,2020年6月。

[5]《2020视频趋势洞察报告》,DT财经和哔哩哔哩网站联合发布,2020年6月。

[6]《WeSpace未来城市空间》:清华大学北京城市实验室BCL与腾讯研究院、腾讯云助手联合发布,2020年6月18日。

[7]《2020城市更新白皮书系列:聚焦社区更新,唤醒城市活力》,仲量联行发布,2020年7月。

[8]《2020中国网络视听发展研究报告》,中国网络视听节目服务协会发布,2020年10月。